大人の男の
高級革靴学、
徹底的に
伝授します。

Fashion Text Series

THE SHOES

メンズファッションの
教科書シリーズ vol.4

本格革靴の
教科書

Introduction

靴は
コーディネートの要。
お洒落の
華麗なる第一歩、
踏み出しませんか？

中村達也
（ビームス クリエイティブディレクター）

その日のコーディネートを決定する際に、一般的な日本人であれば、最後に「靴」を選ぶことが多いのではないでしょうか？　私はそれが必ずしも悪いことだとは思っていませんが、ただひとつだけ留意すべきことがあると思います。それは、靴こそ魅力的なコーディネートを完成させる上で、もっとも重要な役割を果す「要」であるということ。その靴は、決して高価で稀少性の高いものである必要はありません。それよりも、サイズや色、素材、服との相性、そして何よりも貴男に似合っていることの方が重要なのです。お洒落は足元から、とはファッションの常套句。貴男らしい一足とともに、お洒落の第一歩を踏み出しましょう。

なかむら・たつや

1963年生まれ。セレクトショップの雄、ビームスのクリエイティブディレクターとして、メンズ・クロージング全般の企画開発に携わる。そのメンズファッションに関する知識の豊富さで、各方面から絶対的な信頼を集めている。

写真＝関根明生

Contents

THE SHOES

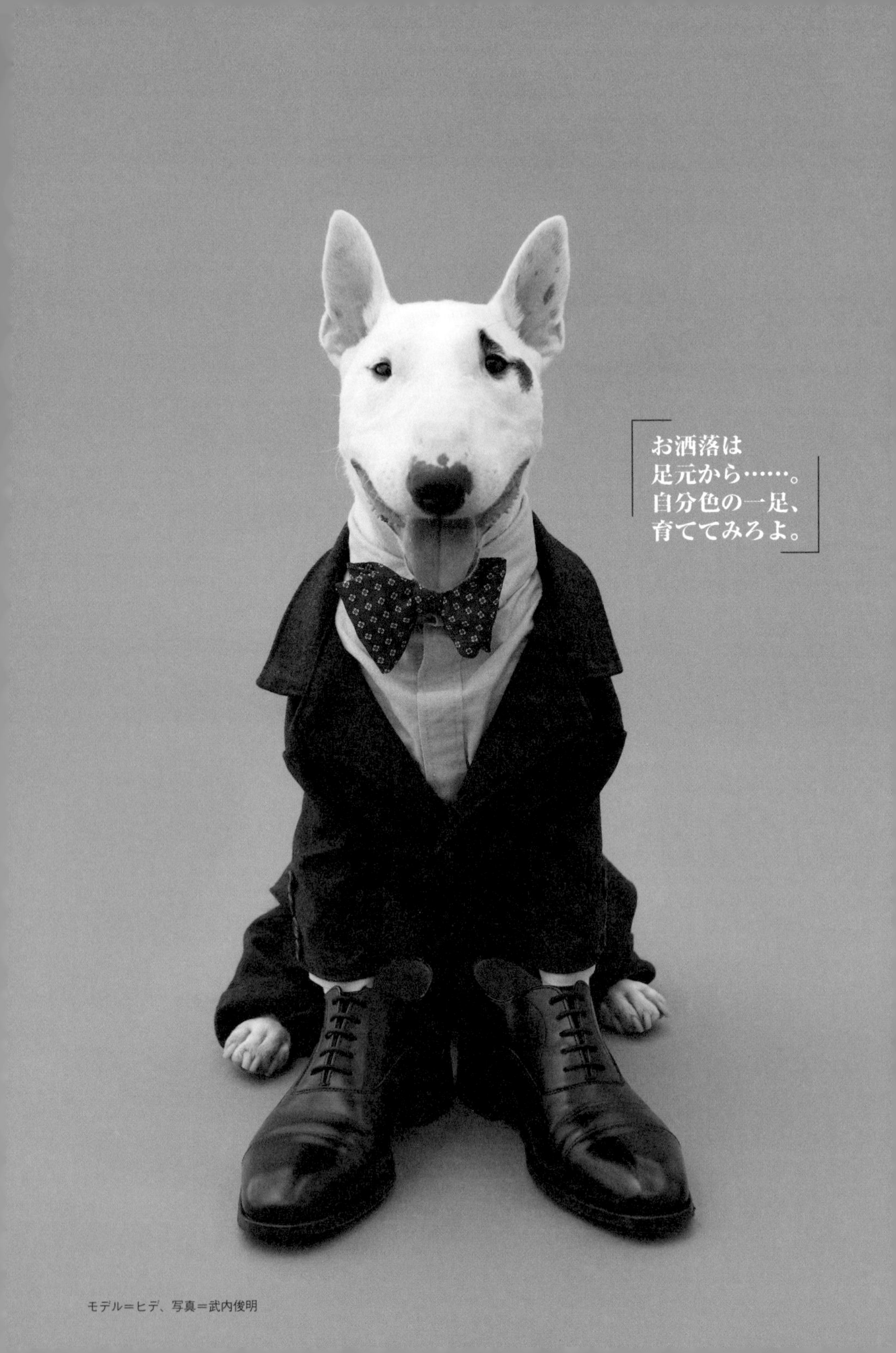
お洒落は
足元から……。
自分色の一足、
育ててみろよ。

モデル＝ヒデ、写真＝武内俊明

Chapter. 01

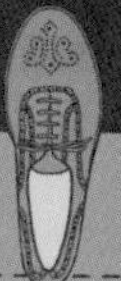

What Are SHOES!?

製法解説から
ディテールまで、
一目瞭然の
靴の構造学

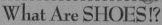

靴の意匠学のキホンのキ

まず知っておくべき、靴の基本15型

多種多様なバリエーションを有する本格革靴のデザイン。とはいえ、その基本的なものはここにご紹介する15型であろう。これらの差異を理解し、自身の靴選びの手引きにして欲しい。

1

ストレートチップ

つま先部分に横一文字の切り替えが入った伝統的、かつフォーマル度の高いスタイル。つま先全体を覆うように革がかぶせられている形状から、「キャップ・トゥ」とも呼ばれている。

2

Uチップ

モカステッチにより、U字型にアッパーを縫い合わせたデザインが特徴。その縫い方の形状によっては、Vチップと呼ばれることも。元々はカジュアル向きだが、最近ではビジネスシーンでの用途もOK。

3

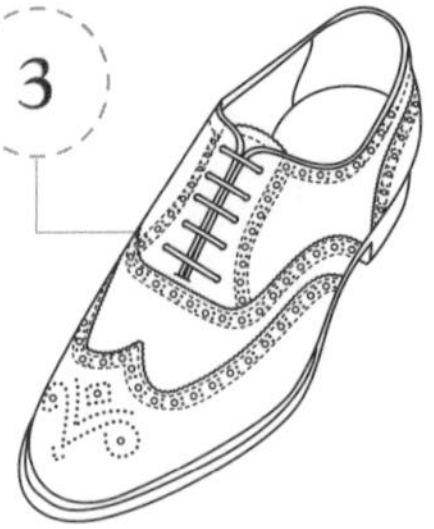

ウイングチップ

トゥ部分の切り替えが、まるで翼のようなW字型をしているデザインが特徴。穴飾り（メダリオン）をあしらったものも多く、華やかなカジュアル感を演出する際に重宝するスタイルだ。

4

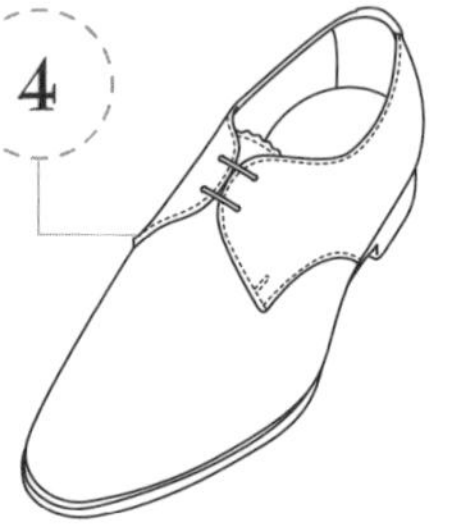

プレーントウ・Vフロント

外羽根の形状をV字型に切り替えたスタイル。カジュアルシーンはもちろん、ちょっとしたドレスアップを要する場にも似合う汎用性が魅力だ。ビスポークやセミオーダー靴によく見られる。

5

プレーントウ・ダービー

トゥ部分に切り替えや飾りがなく、外羽根仕様（ダービー）のシンプルなデザイン。シンプルゆえに、幅広いシーンで活躍してくれるスグレモノだ。羽根の開きを調節しやすく、甲高の人にも安心。

6

モンクストラップ

シューレースがなく、バックル留めのストラップで甲を締めるデザイン。かつて、アルプスの修道士が履いていたことが、その命名の由来だとか。スマートな印象を演出してくれる、人気スタイルだ。

絵＝澤田 素

9

ホールカット

一枚の革でアッパーを包み込みように仕上げたスタイル。ヒール部分以外に継ぎ目を作らないために、高い技術力が必要なことも特筆すべき点だ。ドレッシーな足元を印象づけるのに役立つ。

8

サイドエラスティック

アッパーの両サイドにエラスティック（ゴム）をあしらった、いわゆるスリッポンの一種。ゴム部分を、並べた革帯で隠すようなデザインが一般的だ。優雅な足元を演出する際に重宝する。

7

プレーントウ・ギブソン

履き口を、バックル留めのストラップで押さえるタイプのシューズ。モンクストラップのシューズよりもラグジュアリー感に富み、昨今のスーツスタイルの足元を飾るアイテムとして人気急上昇中！

12

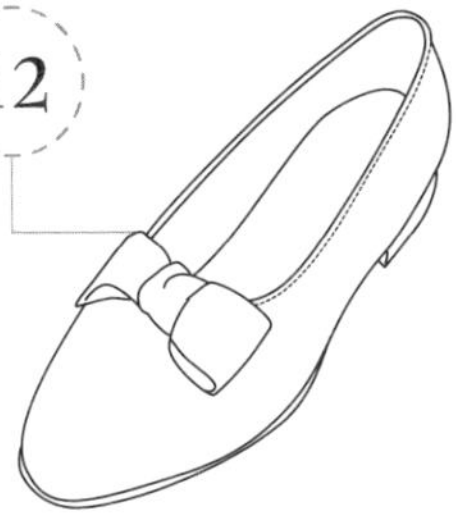

オペラパンプス

アッパーとサイドを浅くカットし、アクセントとして華やかなシルクリボンがあしらわれているのが特徴的なフォーマルな装いに合わせるエナメル革製のシューズ。ドレス靴の最高峰といえる。

11

ローファー

脱ぎ履きがしやすいことから「ローファー（怠け者）」と名づけられた、U字のモカステッチが特徴のスリッポンタイプのシューズ。アメリカンカジュアルのスタンダードアイテムとして人気だ。

10

サドルシューズ

馬の鞍を意味する「サドル」と呼ばれる革の切り替えが甲部に入ったデザイン。コンビ仕立てにされることも多く、その組み合わせ次第で様々なバリエーションがある。アイビーボーイの必携アイテム。

15

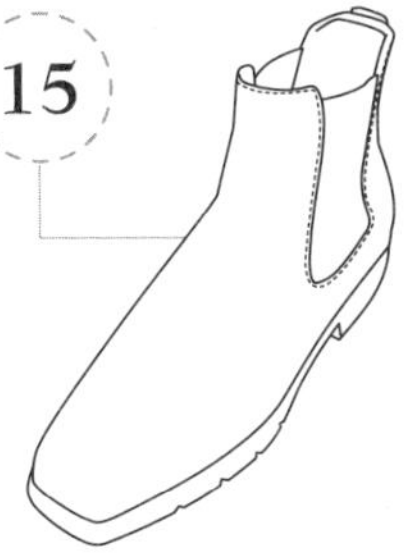

サイドゴアブーツ

サイドに伸縮性のあるゴムを配したデザインが特徴的なアンクルブーツ。かのビートルズが愛用し、1960年代に大流行したことはあまりにも有名。「チェルシーブーツ」とも呼ばれている。

14

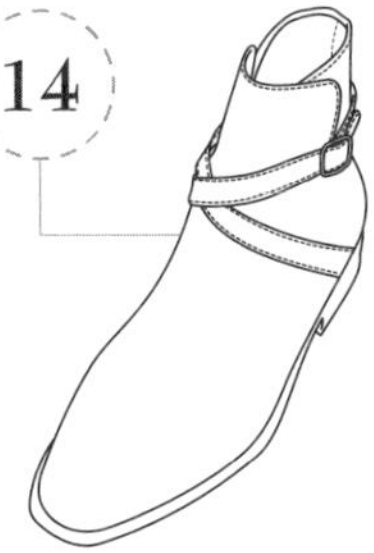

ジョッパーブーツ

足首へ巻きつくように配されたストラップが特徴的な、乗馬用のブーツ。起源は1890年代の末期だが、ファッションとしての登場は1930年代頃。「ジョドパーブーツ」と発音されることもある。

13

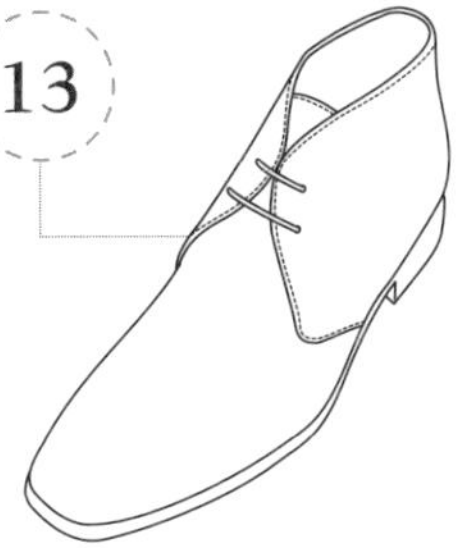

チャッカブーツ

もともとはポロ競技用に開発されたという、くるぶし丈の外羽根ブーツ。2アイレット、あるいは3アイレットが一般的である。さまざまなファッションに似合う、汎用性の高さもポイントだ。

意匠と機能を左右する製法学

スタイルを決定する8つの靴製法

1
ハンドソーン・ウェルト製法

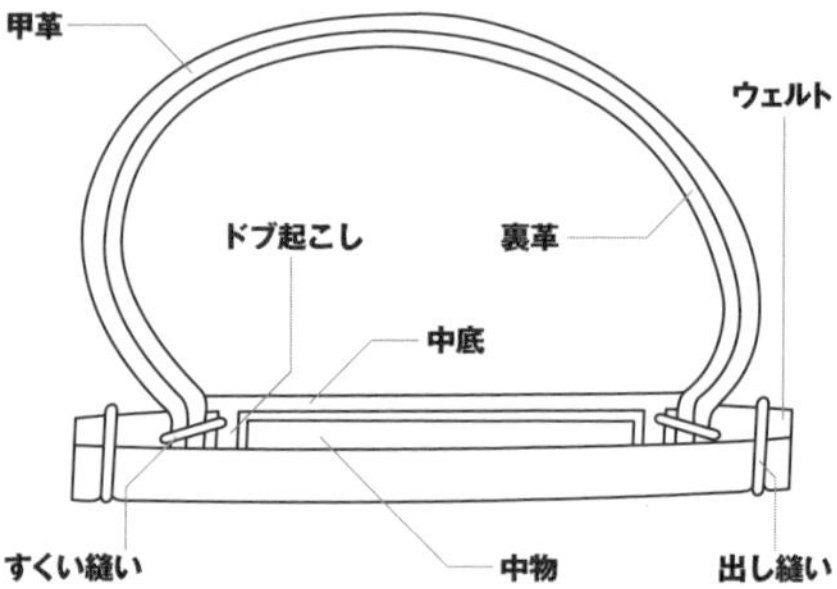

別名イングリッシュ・ウェルト製法。インソールにドブと呼ばれる突起を削りだし、そこに甲革とウェルトを「すくい縫い」によって接合。アウトソールとウェルトはコバで「出し縫い」をする。全て手作業のため高価ではあるが、靴の返りは抜群で履き心地がよく、フォルムもスマート。ソールの張り替えが繰り返し可能で、長く愛用できるのが特徴だ。

2
グッドイヤー・ウェルト製法

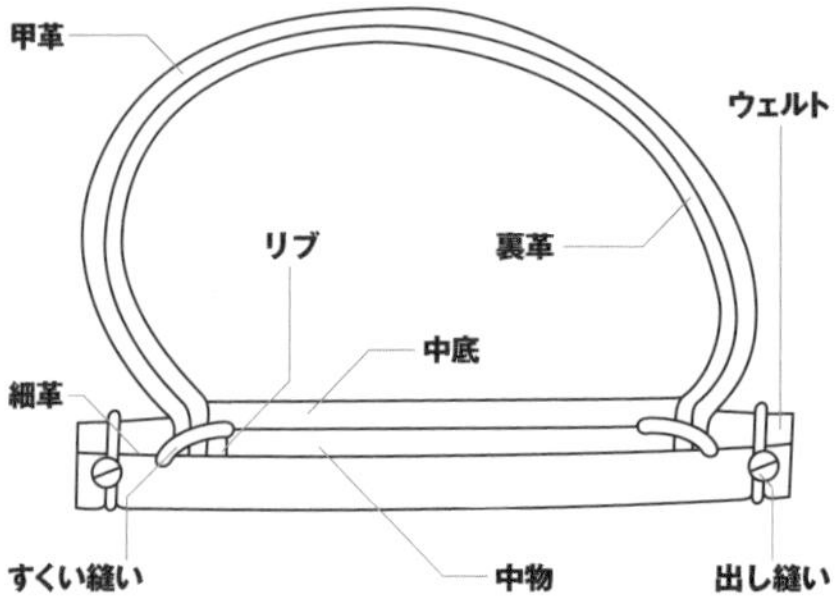

ハンドソーンウェルト製法とほぼ同じ構造だが、ドブの代わりにリブと呼ばれる布製テープを用い、甲革と裏革、ウェルトを「すくい縫い」する。リブがあるため、履き始めは硬く多少違和感があるが、履き込むうちに中底が適度に沈み、個々の足形にフィットする。比較的リーズナブルな上に頑強で、ソールの張り替えにも対応が可能なため、長く愛用できる。

3
ノルウィージャン製法

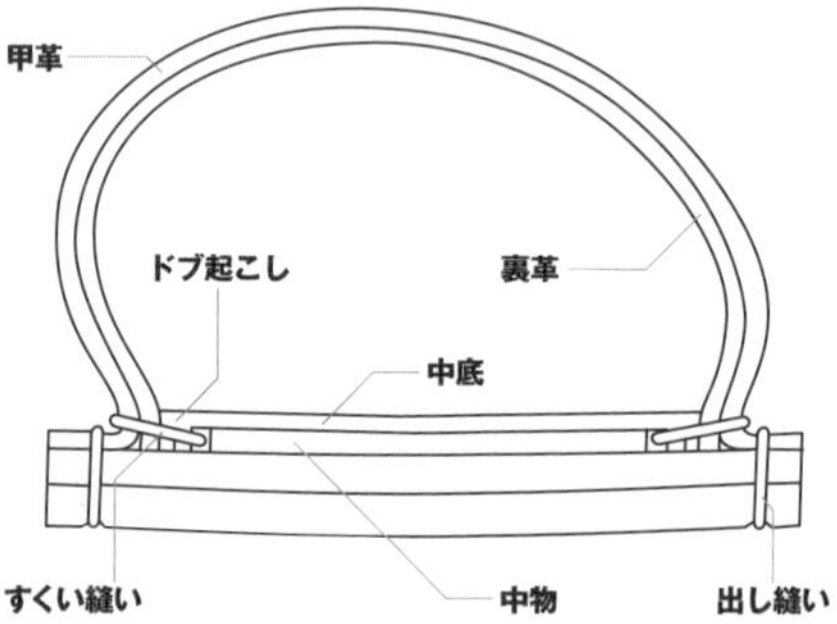

甲革と裏革を、中底に削りだしたドブと水平の向きで「すくい縫い」をし、外側の甲革の端部は、コバの部分でアウトソールと「出し縫い」をする。手の込んだ製法のため高価ではあるが、履いた際に横ブレが少なく、屈伸性、防水性、堅牢性を備えている。それらの特徴から、古くから防水性が求められる寒冷地向けの製法として、多く採用されている。

4
マッケイ製法

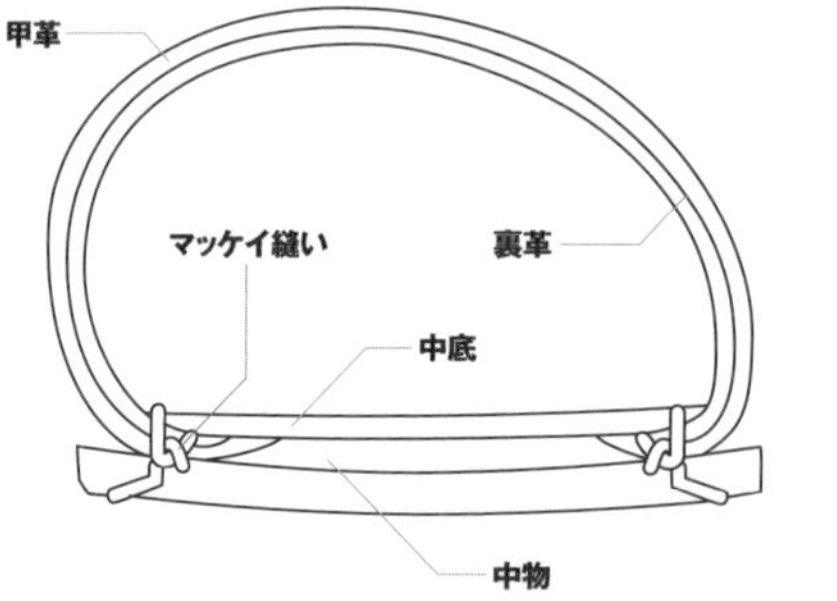

甲革と裏革、中底、ソールをダイレクトに「出し縫い」する製法。靴の内部を覗くと、縫い糸を直接確認できることが多い。他の製法に比べ軽量かつソールの返りに優れており、足馴染みもよい。グッドイヤー製法に比べるとクッション性と耐久性はやや劣るが、コバを狭く抑えられるため、ドレッシーなデザインが特徴。イタリアの靴で伝統的に用いられる製法だ。

絵＝澤田 素

靴の履き心地や、耐久性といった機能性はもちろん、そのデザイン的な印象を決定づけるのが、実は靴の製法だ。ここでは、その中でも代表的な８つの製法に着目し、それぞれの製法の仕組みや特性を徹底的に比較していきたい。

5
プラット製法

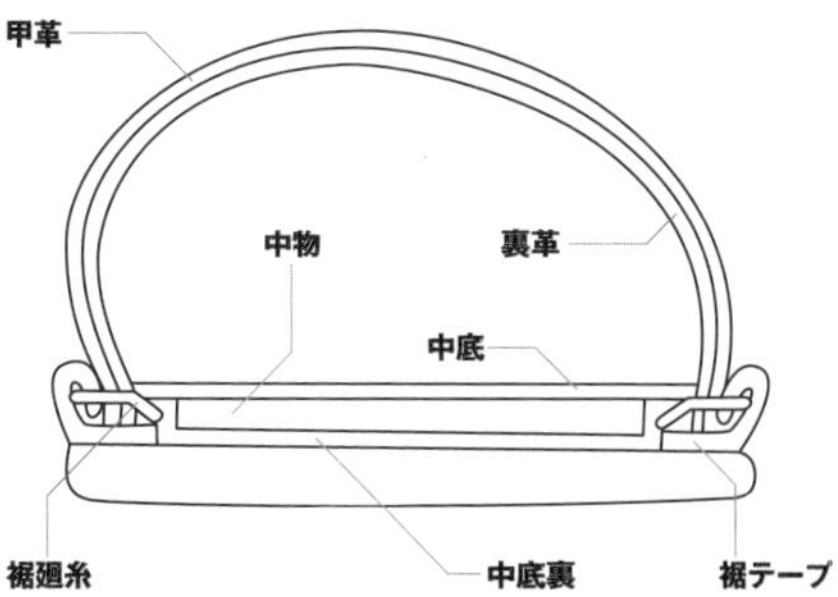

甲革と裏革、中底を裾テープで袋状に縫い合わせて底側へ巻き込み、それらとアウトソールを接着した製法。靴が袋状になるため、ソフトで屈曲性があり足の返りが非常によく、軽くて足あたりのよい仕上がりが特徴。靴の外側に露出する裾テープは、異素材のものを用いるなどしてデザイン性を持たせることができ、見た目にも個性のある靴に仕上がる。

6
ステッチダウン製法

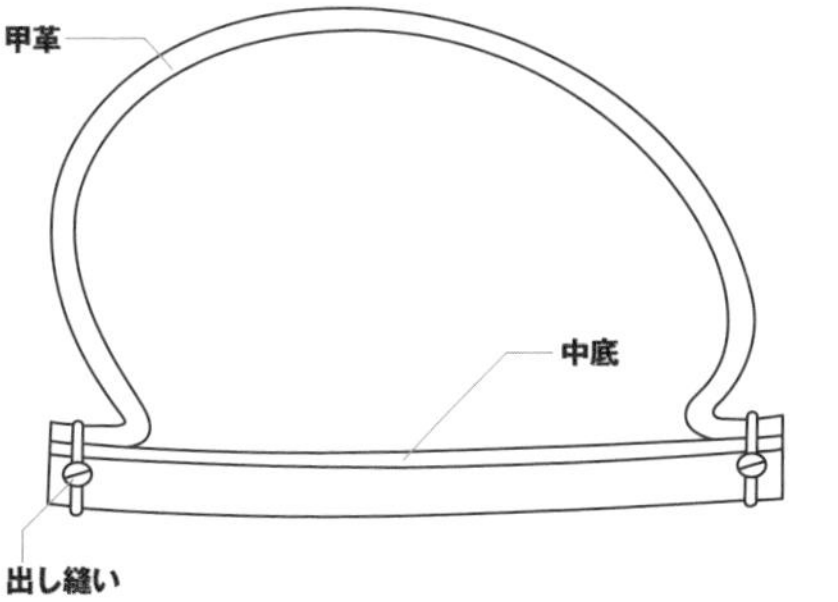

足型に沿って引き伸ばした甲革の端を水平にして靴の外へ向け、インソールとアウトソールとともに全て「出し縫い」をする。グッドイヤー製法が誕生する以前から存在する古典的な製法だ。安価で軽量、かつ屈伸性がよいのが特徴だが、甲革が浮きやすく、ソールの交換も難しい。甲革が外側に張り出しているため機密性が高く、ブーツなどに多く用いられる。

7
ダイレクト・バルカナイズ式製法

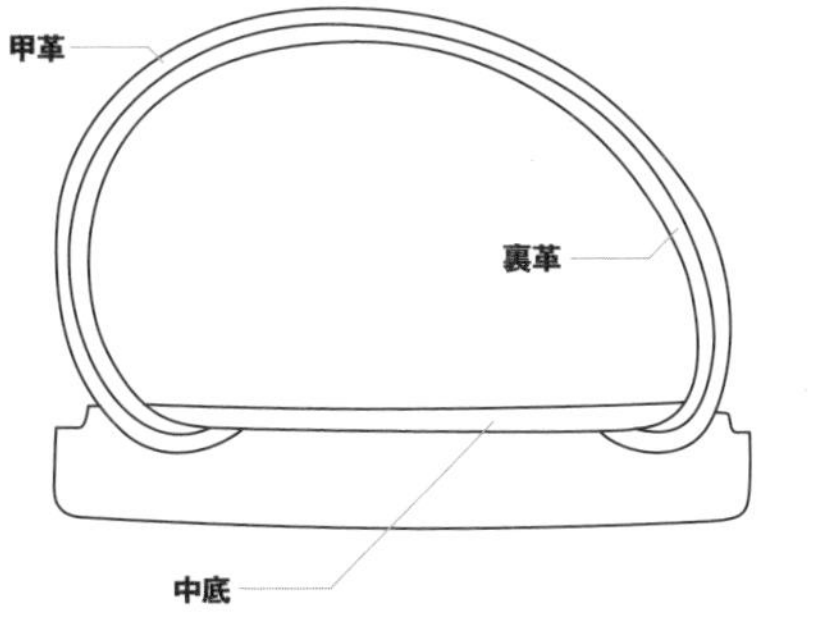

甲革、裏革と中底を袋状に合わせ金足型に入れ、ゴム製のアウトソールを加熱することによって形成しながら圧着する。縫製工程が少なく、短時間で完成できる。ソールの交換ができず、補修が難しいのは難点だが、甲革とアウトソールの圧着により、優れた耐水性と、ハードな使用にも耐える堅牢さを併せ持つといった特徴がある。

8
セメンテッド製法

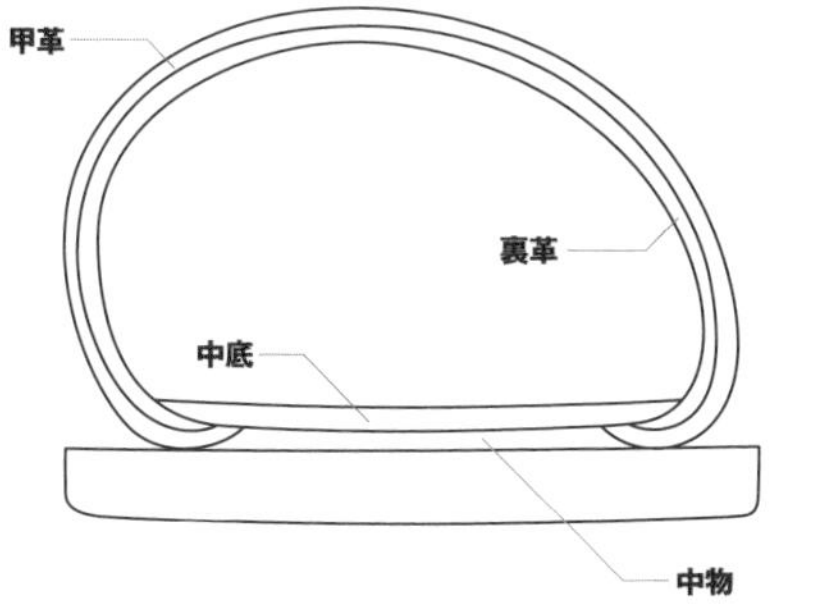

甲革と裏革、アウトソールを、中物を挟んで加圧密着する製法。ごくシンプルな構造のため、軽量に仕上がるのが特徴。また、縫い目がないので水の浸入も防ぐことができる。ソールの交換はできず、寿命の面では他の製法のものに比べてやや劣る。縫い合わせの工程がなく自動機械により低コストで作れることから、主に大量生産に向いている製法だ。

スタイルを構築するパーツを知る

一目瞭然の靴の構造学

本格靴は様々なパーツから作られている。その豊富さを知れば、高価になるのも頷けるというもの。ふだん目にすることのできないその構造とパーツの役割を、ここでは解体図を使って披露する。そこから、靴の奥深さを知ることができるはずだ。

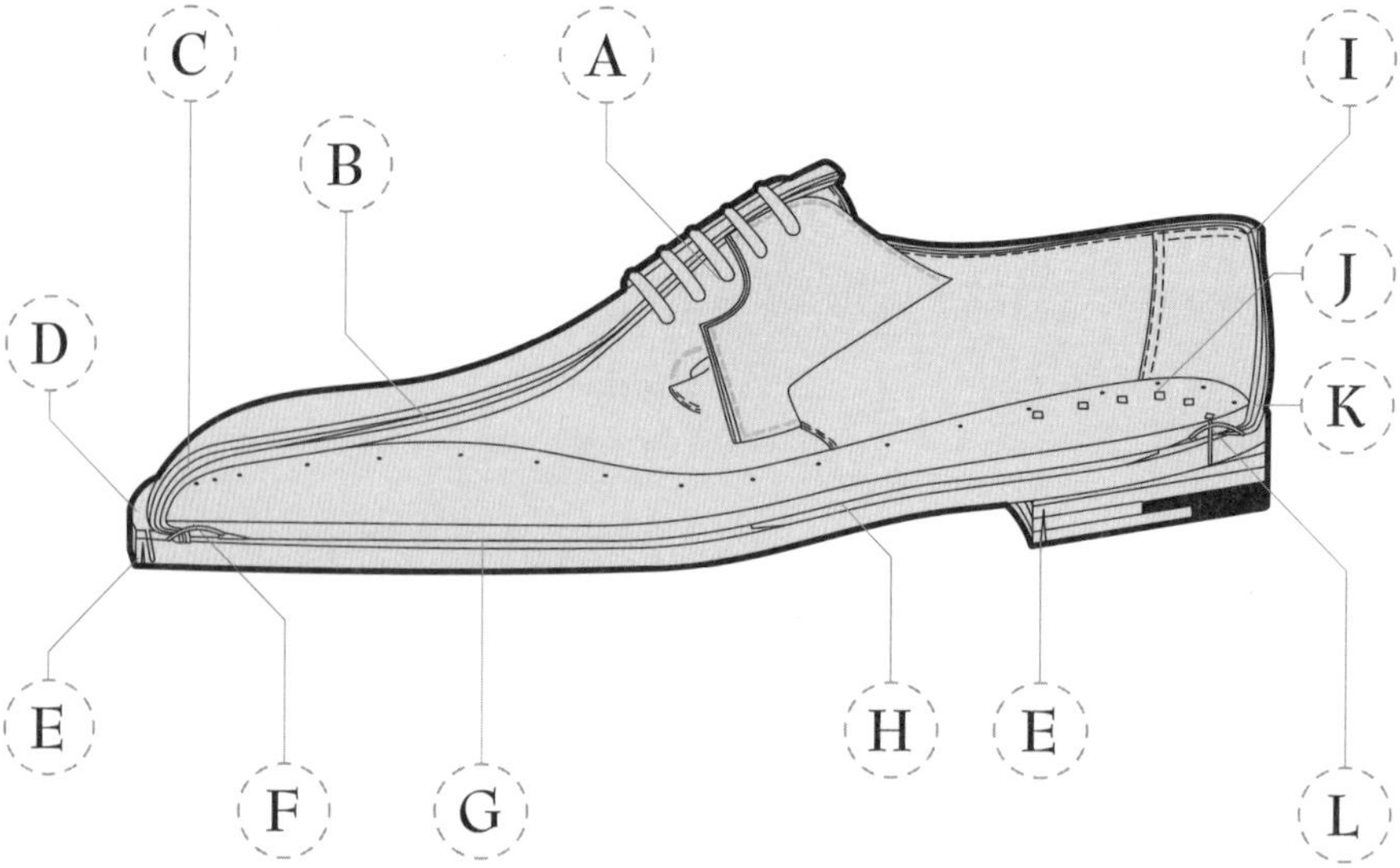

E
化粧釘
主にヒールやトゥ周りに打たれるブラス製の釘。デザインのアクセントとして用いられる。

D
出し縫い
ウェルトやアッパーとソールを連結させるために、垂直方向に貫通させて縫う縫い方、ステッチ。

C
トウパフ
アッパーとライニングの間にセットされる先芯。立体的なトゥの構築と、補強の役目がある。

B
サイドライニング
アッパーとライニングの間に挟んだ薄いレザー。補強とフォルムを整える役目がある。

A
ブラインドアイレット
アイレット内側部分のハトメ。紐通しをスムーズにするだけでなく、耐久性の向上の役割も果たす。

J
ペース
ヒールのパーツ一枚一枚を留める木製の釘。膨張することで摩擦が増し、しっかりと固定される。

I
ビーディング
履き口にあしらわれる補強材。アッパーの革を薄く剥いで折り返し、テープのようにとめる。

H
シャンク
土踏まず部分に、ゆがみを抑えるために入れる芯材。木材やスチール、カーボンなどが使用される。

G
コルク
松脂を練りこんだコルク片。クッション材として用いられ、履くほどに適度に沈み足に馴染む。

F
すくい縫い
中底、アッパー、ウェルトを水平方向に連結させる縫い方で、主に麻糸を使用することが多い。

絵=澤田 素

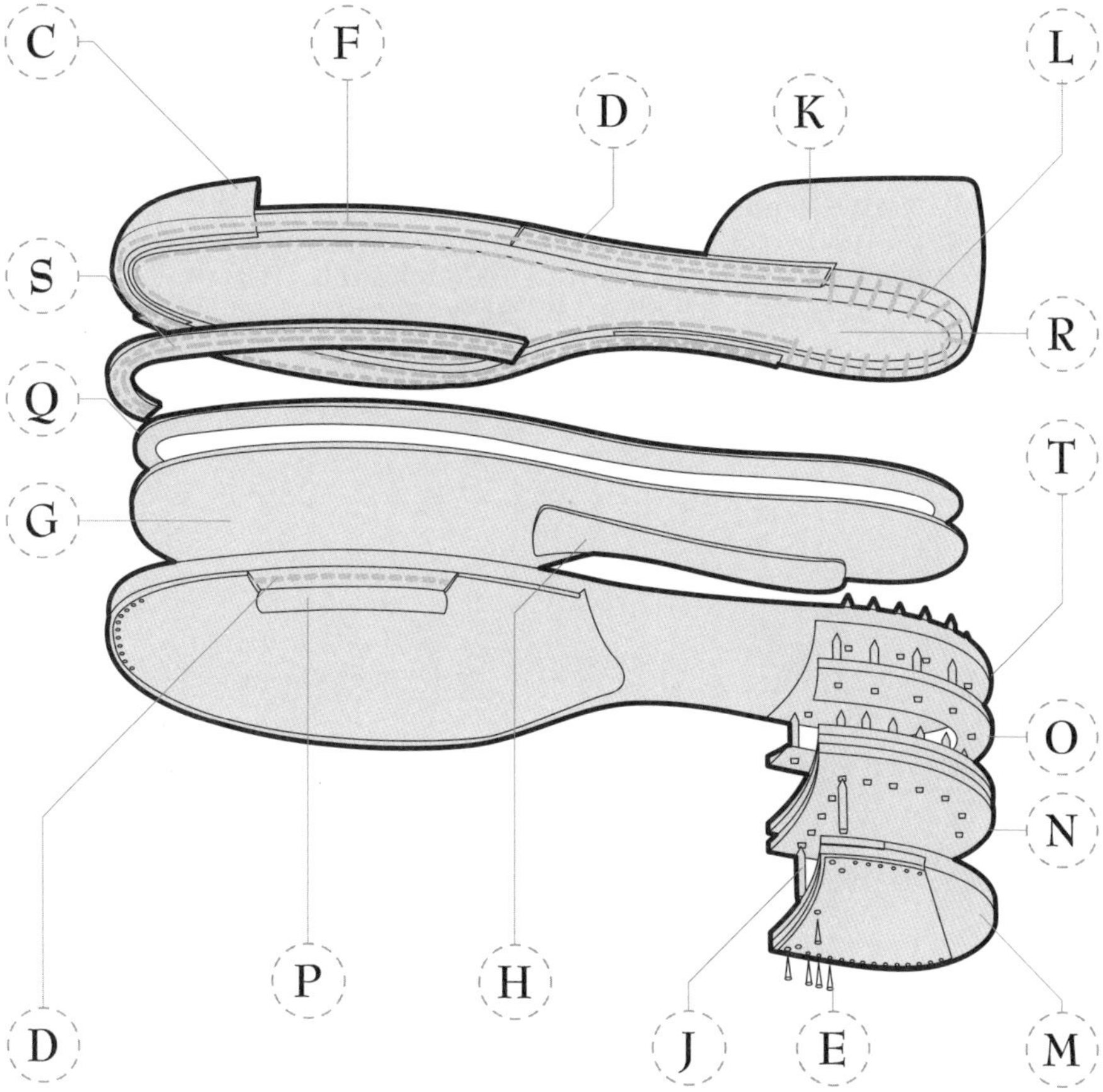

O
スプリットリフト
ラウンドしたアウトソールと平面のヒールをフィットさせるための中央部を抜いたパーツ。

N
リフト
センターに向かって薄くなっているアウトソールの傾きを、調節するためのヒールパーツ。

M
トップリフト
ヒールの着地面。滑り止めのためにラバーを、擦り減らないために硬質なレザーを使用する。

L
からげ縫い
ウェルトで連結できないヒール周りのアッパーと中底をつないだ「かがり縫い」のことをいう。

K
月型芯
踵部分のアッパーとライニングの間にある補強用芯材。型崩れを防ぎ、ホールド力を高める。

T
アウトソール
着地面側の底材料。しなやかさと堅牢性が求められ、素材には成牛革（ハイド）やラバーを用いる。

S
ウェルト
アッパー、中底、アウトソールを縫製によって連結するために仲介をなす革帯のことを指す。

R
インソール
足に接する側の底材料を指す。別名中底ともいう。踵周りをさらに薄革で覆う場合が多い。

Q
レザーフィラー
ウェルトを縫合することで生じる段差をならすためのパーツ。マッケイ靴では省略される。

P
チャネル
出し縫い糸が直接地面について擦れないよう、アウトソールの縫製部に彫られた溝のこと。

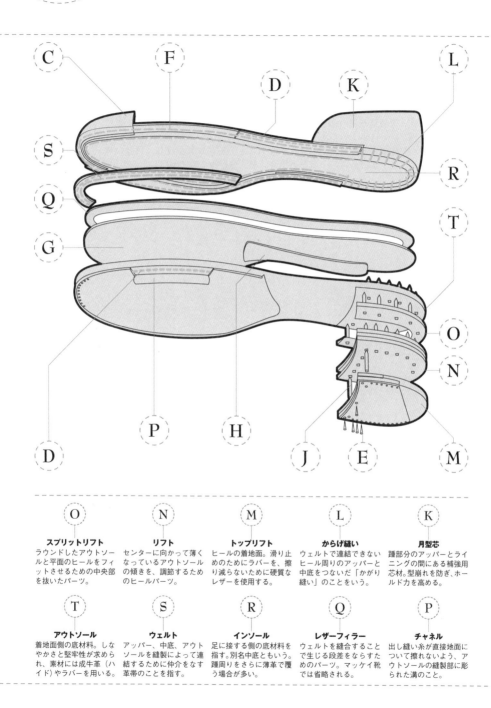

違いがわかれば"通"になれる!?

比べて納得、靴の意匠学

靴の見た目の印象を決定づける要素として、その注目すべきポイントはいくつかある。それは､穴飾りであり､つま先の形状であり、使用する素材であり……。これらを充分に比較検証し、自身のスタイルにあった一足との出会いを、納得ゆく形で実現したい。

TPOを充分に留意した上で、適切な意匠の靴をわが手に

トゥまわりのデザインは、靴のキャラクターを主張する大切な部分である。

そのイメージを左右するのが、穴飾りとトゥフォルム。これらにも、いくつかの種類があり、またそれぞれに特性を持っている。そのことを充分に留意し、目的にあった正しい靴選びを実践したいものだ。

穴飾りだが、これには大きくわけて2種類のパターンがある。まず、トゥキャップに配されているものはメダリオンと呼ばれる。そして、革の切り替え部分などに連続して配されるのがパーフォレーションだ。これらの穴飾りの数が多くなればなるほど、カジュアル度が増す。

トゥフォルムにも、いくつかのバリエーションがある。クラシックなラウンド系から、モードよりのスクエア系まで、TPOに応じて選択したい。

基本的な穴飾りの種類 Category 1

Casual ← → Formal

フルブローグ
ふんだんに穴飾りを配したウイングチップのこと。スエードなどの起毛系のアッパーがが用いられることもあり、かなりカジュアル度が高い印象を与える。

パンチトキャップトゥ
ストレートチップの切り替え部分にのみ穴飾りが施されているもの。これに、トゥキャップ部にメダリオンが配されたものを含めてセミブローグという。

キャップトゥ
穴飾りが一切なく、切り替えにステッチのみが配されているストレートチップ。特に内羽根式のブラックは、フォーマルな場にも相応しいので1足は所有したい。

写真＝コフクミサコ、協力＝銀座ワシントン 銀座本店

Category 2

代表的なトゥの形状

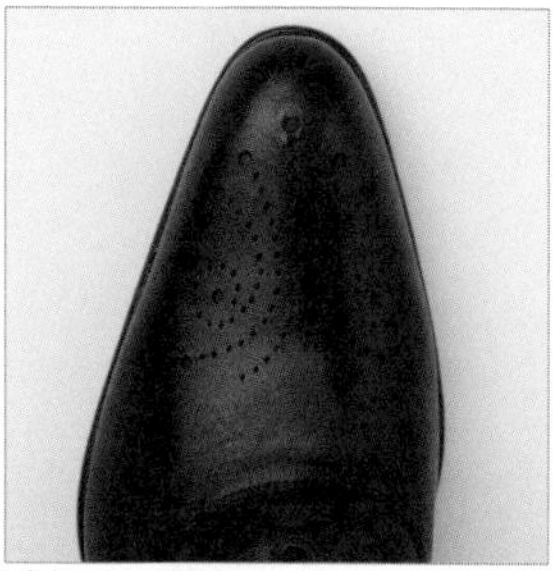

ポインテッドトゥ
ラウンドトゥの中でも、特に極端に先が尖ったものをこう呼ぶ。シャープな印象が強いディテールで、ウエスタンブーツやチャッカブーツに多く見られる。

ラウンドトゥ
先がラウンドした、もっともクラシックでスタンダードな印象を持つトゥフォルム。甲からトゥにかけての角度が、緩やかなものほどフォーマルに適している。

オーバルトゥ
ラウンドトゥよりもさらに緩やかな丸みのシルエットを持つトゥフォルム。全体的にぽってりとした印象を与え、コーディネートの汎用性が高いのもポイント。

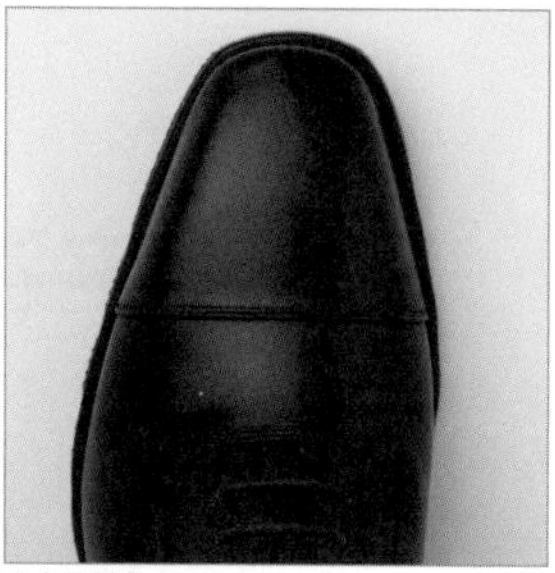

スクエアトゥ
トゥの先端を水平にカットしたようなデザインのトゥフォルム。イタリアブランドの靴ではお馴染みのディテールで、ロングノーズとよく組み合わせられる。

チゼルトゥ
ノミ（＝チゼル）で削り落したように、スクエアにデザインされたトゥの中央部から先端とその周囲が急角度で結ばれている仕様。ジョージ クレバリーが開発。

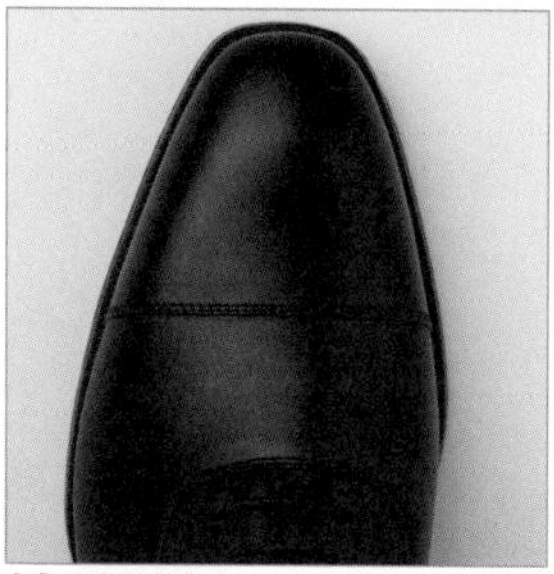

セミスクエアトゥ
ラウンドトゥとスクエアトゥのまさに中間のシルエットを持つトゥフォルム。モード系の靴によく見られるディテールで、洗練された印象を演出してくれる。

多種多様なアッパー素材

Category
3

カーフ
生後6カ月以内の仔牛（主にオス）の皮をなめして仕上げられる。キメが細かくしなやかで、耐久性が高いのが特徴。最上級レザーとして、人気が高い。

ステア
生後3～6カ月のうちに去勢し、2年以上太らせながら育てた牛のもの。厚手で、耐久性に優れているのがポイント。ソールの素材などに使われることが多い。

スコッチ
スコッチ（お酒）の原料である穀粒をひいたような模様から、こう呼ばれるようになった。エンボス加工されているので、表面にキズがつきにくいのが特徴。

ベロア
スエード同様、革の裏面を研摩して、起毛させたレザーの一種。スエードよりも毛足が長いのが特徴だ。ちなみに、スエードよりも毛足の短いものは、ヌバック。

スエード
仔牛、山羊、羊の革の裏側を研摩して、起毛させたレザーの一種。カジュアルな趣の強い素材の代表格だ。優しい手触りと、毛足のしなやかな光沢がポイント。

キップスキン
生後6カ月〜2年の牛の革のことを指す。カーフよりもやや厚手。キメの細かさはカーフに次ぐほどで、（カーフに次ぐ）高級品として重宝されている。

オーストリッチ
軽量で柔らかく、かつ牛革の5〜10倍の強度を持つというダチョウの革。メンテナンス次第では、長年の使用に耐えうるまさに一生ものの高級素材。

コードバン
馬の尻部分を使用したもの。牛革に比べて繊維が緻密で、滑らかな上に、こすれに強い。さらには艶やかな光沢感がポイント。履き込むほどに味わい深くなる。

オイルレザー
牛革のなめし工程、もしくは仕上げの工程を行う際に、大量のオイルを含ませている素材。しっとりと落ち着いた風合いと、撥水性の高さがウリ。

エナメル
表面に濡れたような光沢を持つ、エレガントさが魅力の素材。オペラパンプスといった、フォーマルな装いの足元に欠かせない素材として知られる。

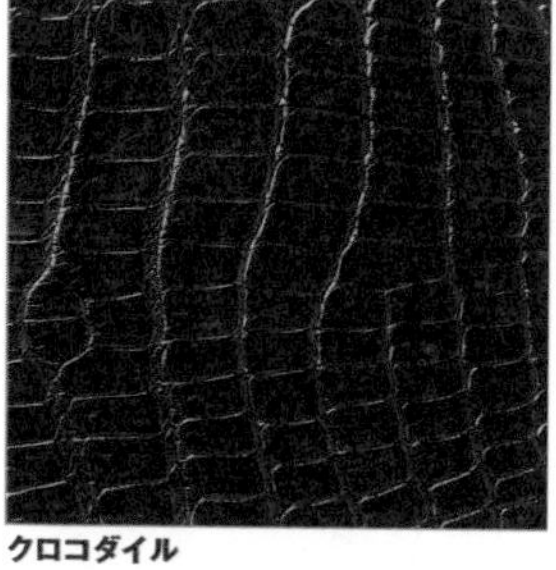

クロコダイル
独特のウロコ模様と美しい光沢、圧倒的な存在感を主張するワニの革。アジア、アフリカ産が主だ。靴の他に、バッグやベルトでもよく見かける素材。

シュリンクレザー
なめしの工程中に特殊な薬品を加えて、革の表面を縮めたものをいう。表面には他に類を見ない味わい深く、キメの細かいシボが表現されている。

知って得する技巧の数々

Category
4

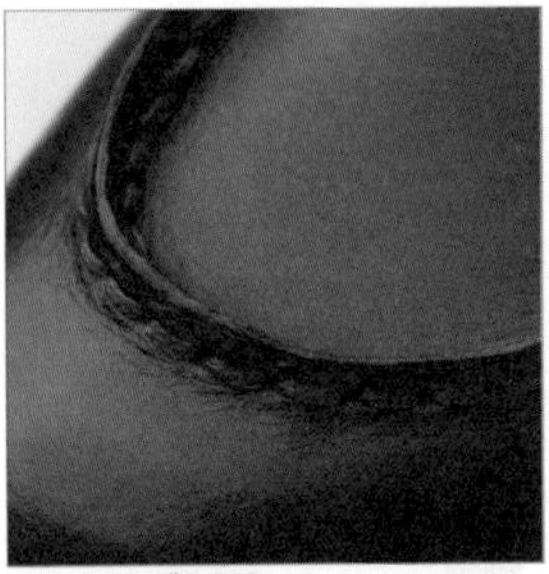

トライアングルモカ
革と革の断面をそれぞれ45度にカットした上でつなぎ合わせるモカ縫いの一種。断面が三角状に盛り上がるのが特徴。「拝みモカ」「三角モカ」とも呼ばれる。

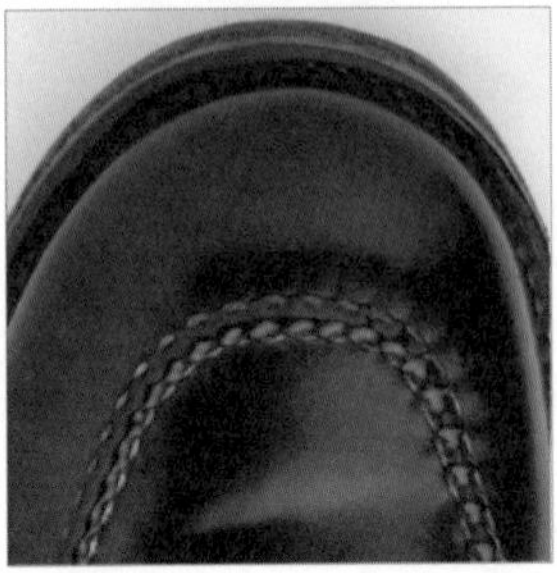

ツイスト
一枚革の表面より糸を入れ、裏面まで到達させずに中側で2本の糸をねじって表に出すという、モカ縫い（U地型に施された革の縫製）のアレンジのひとつ。

ピンキング
ウイングチップの縁などに多用される、V字型の刻み目が連続して並ぶデザインディテール。その独特の形状から、ギザ抜きとも呼ばれている。

ピッチトヒール
ビスポーク靴では定番のディテールで、ヒールリフトの側面が、地面に向かって細くなってゆくものを指す。エレガントさを演出するのに役立つ。

ダブルソール
アウトソールにミッドソールを重ね合わせ、より高い耐久性を追求したアウトソールの仕様。シングルソールに比べ、カジュアルな印象が強いのがポイント。

シングルソール
一枚仕立てで形成された、アウトソールの形状を指す。ドレッシーな印象を引き立てるディテールとして、フォーマル靴やビジネス靴に幅広く活用されている。

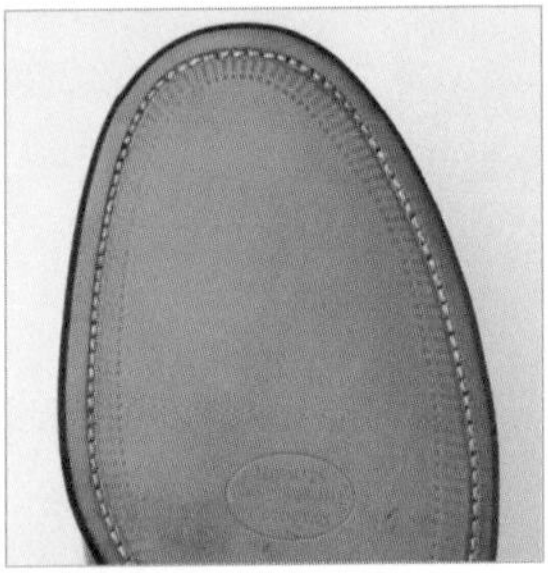

チャネルソール
ソールとアッパーをつなぐ糸を、地面に触れさせないように溝の奥底に添わせて縫う仕様。溝を見えないように処理したものは、特にヒドゥンチャネルと呼ぶ。

半カラス仕上げ
地面に接しないウエストまわりのみを真っ黒に塗った仕様。ちなみに、ソールを全面に真っ黒に塗る仕様のものは、カラス仕上げと呼ばれる。

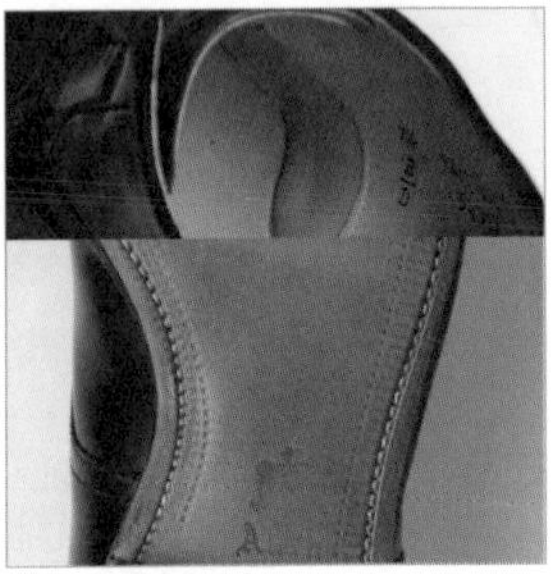

ベヴェルドウエスト
土踏まずのアーチを深くさせながら、ソールを削り込むデザイン。足にしっかりフィットさせるためのビスポークならではの技法。最近では既製靴にも見られる。

国別に見る意匠の違い

Category 5

England

質実剛健の風格

グッドイヤーウェルト製法で、質実剛健に作られているのが、一般的なイギリス靴の特徴。コバが張っており、エレガントさに欠けるという声も一部あるが、風格あるフォルムはイギリス靴ならではだ。クロケット＆ジョーンズ／AUDLEY（P37 参照）

Italy

華麗なる美意識

快楽的とも呼べる色気を追求するスタイルが特徴。アッパーとソールをじかに縫いつけるマッケイ製法が使用されることが多いのも、デザインに制限を与えないことに寄与。染色や革の仕上げの技術力も高い。アルティオリ／G6L383（P48 参照）

比べて納得、
靴の意匠学

国別に見る意匠の違い

Category
5

France

英と伊の美点を融合
質実剛健さが自慢のイギリスのクラシックな製作技法と、イタリアの快楽的な色気を絶妙にミックスし、オリジナリティ溢れる洗練されたデザイン力で独自のスタイルに昇華。他に類をみない優美なスタイルが特徴的。オーベルシー／Bestguy（P70参照）

U.S.A.

機能と堅牢さが自慢
作業靴的とも言えるほど、堅牢で機能的なテイストを追求しているのがアメリカ靴の最大の特徴。そのフォルムは一見してかなり無骨だが、履き心地は決して悪くない。万人にフィットする、最大公約数的な靴と言える。オールデン／#54321（P78参照）

Chapter. 02

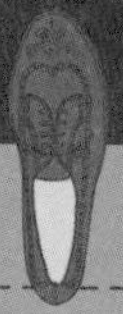

Styling Technic

TPO別、正しい靴のコーディネート術

その靴、場違いになってませんか？

TPO別に徹底検証、間違いない靴選びの極意

華やかな席を彩る、タキシード・スタイル

男性用の夜間の準礼装となるタキシード・スタイル。室内で行われる夜会での着用を想定しているので、本来ならオペラパンプスを履くのが◎。ただし、現代では多くの読者諸氏が所有する、黒の内羽根式ストレートチップなどでも問題はない。

黒の内羽根式プレーントウ 	○	黒の内羽根式ストレートチップ 	○
黒の外羽根式Vフロントプレーントウ 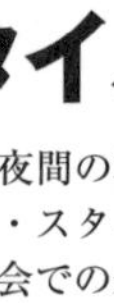	○	黒の内羽根式ウイングチップ 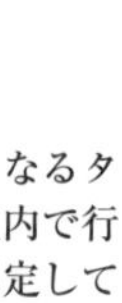	×
茶系の外羽根式ウイングチップ 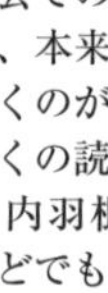	×	茶系の外羽根式プレーントウ 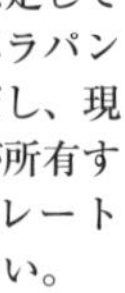	×
茶系のモンクストラップ 	×	茶系のペニーローファー 	×

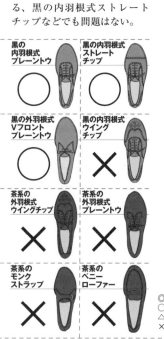

◎＝理想的
○＝礼儀上、問題ない
△＝避けた方が無難
×＝避けたい

Style A Tuxedo

絵＝穂積和夫

「古くから、メンズファッションにおいては、
厳格なドレスコードというものが存在する。
もちろん、それは足元においても言えること。」

Style
B
Director's suit

畏まった席で恥をかかない、ディレクターズ・スーツ

男性用の昼間の準礼装となるディレクターズ・スーツ。モーニングの略装とされ、セミ・フォーマルジャケットと呼ばれることも。こちらには、黒の内羽根式ストレートチップが最適。できれば、穴飾りの少ないものを選ぶのが望ましい。

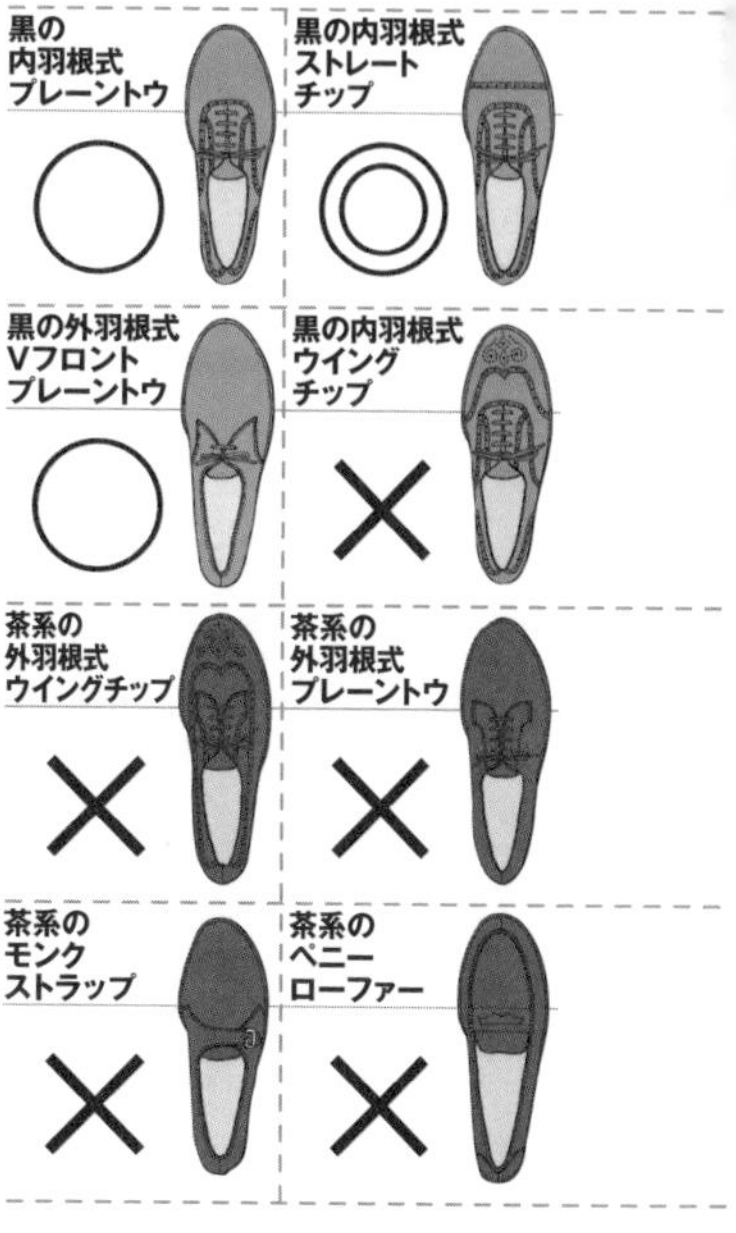

黒の内羽根式プレーントゥ ○	黒の内羽根式ストレートチップ ◎
黒の外羽根式Vフロントプレーントゥ ○	黒の内羽根式ウイングチップ ✕
茶系の外羽根式ウイングチップ ✕	茶系の外羽根式プレーントゥ ✕
茶系のモンクストラップ ✕	茶系のペニーローファー ✕

公式の場にも着用可の、ミッドナイトブルーのスーツ

活躍の場が広いミッドナイトブルーのスーツの足元には、黒の内羽根式のストレートチップを合わせれば、オフィシャルな場所でも恥ずかしくないスタイルとして立派に成立する。もちろん、黒の内羽根式のプレーントゥやVフロントプレーントゥをあわせても問題ない。

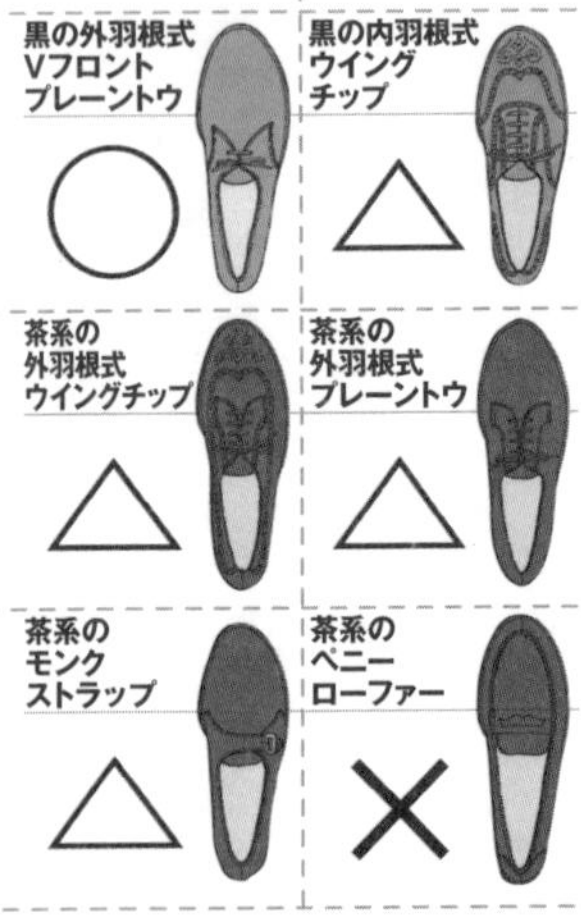

黒の内羽根式プレーントゥ ○	黒の内羽根式ストレートチップ ◎
黒の外羽根式Vフロントプレーントゥ ○	黒の内羽根式ウイングチップ △
茶系の外羽根式ウイングチップ △	茶系の外羽根式プレーントゥ △
茶系のモンクストラップ △	茶系のペニーローファー ✕

絵＝穂積和夫

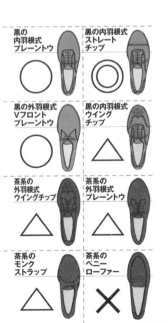

公式の場にも着用可の、チャコールグレイのスーツ

チャコールグレーのスーツでも、黒の内羽根式のストレートチップや内羽根式のプレーントゥ、V フロントプレーントゥを合わせれば、畏まったシーンに対応するスタイルとなる。大人の色香を漂わせる、上質なスタイリングを楽しみたい。

Style
D
Charcoal gray suit

黒の内羽根式プレーントゥ	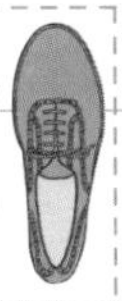	○
黒の内羽根式ストレートチップ	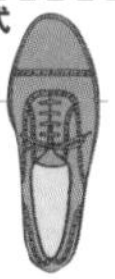	◎
黒の外羽根式Vフロントプレーントウ	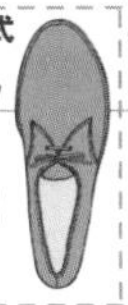	○
黒の内羽根式ウイングチップ	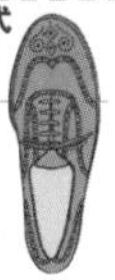	△
茶系の外羽根式ウイングチップ	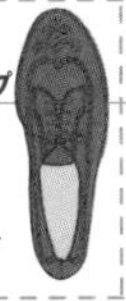	△
茶系の外羽根式プレーントウ		△
茶系のモンクストラップ	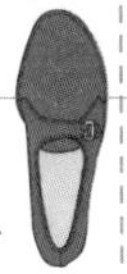	△
茶系のペニーローファー		×

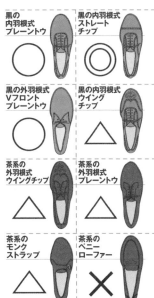

ビジネスシーンを、軽やかに彩るスーツ

軽快なカラーリングが人気のスタイル。相手を不快にさせないという最低限のマナーを守りつつ、足元も軽やかに演出したい。あえて、印象が堅くなり過ぎるものを避けて、カジュアルな印象のある茶系や穴飾りのある靴を選んでみてはいかがだろう。

Style E
Light gray suit

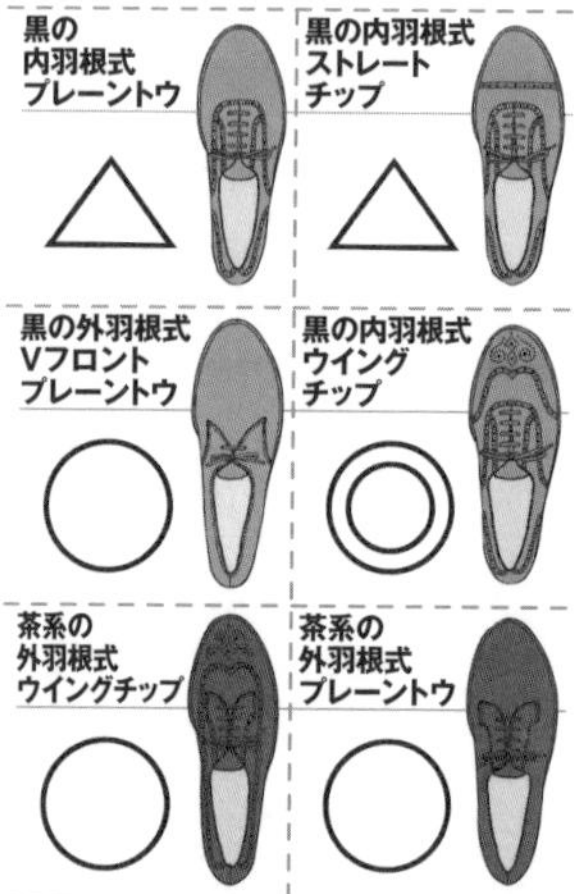

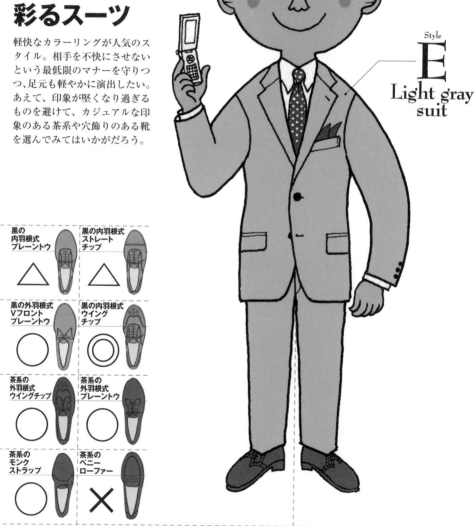

Style
F
Navy blazer

カジュアル感覚溢れる、ジャケット＆スラックス

アイビー風のジャケット＆スラックスのスタイルなら、足元にもその流儀を取り入れてもOKだろう。一般的なビジネスシーンではNGとされるペニーローファーなども、こんなスタイルならばアリ。遊び心溢れるコーディネートを楽しみたい。

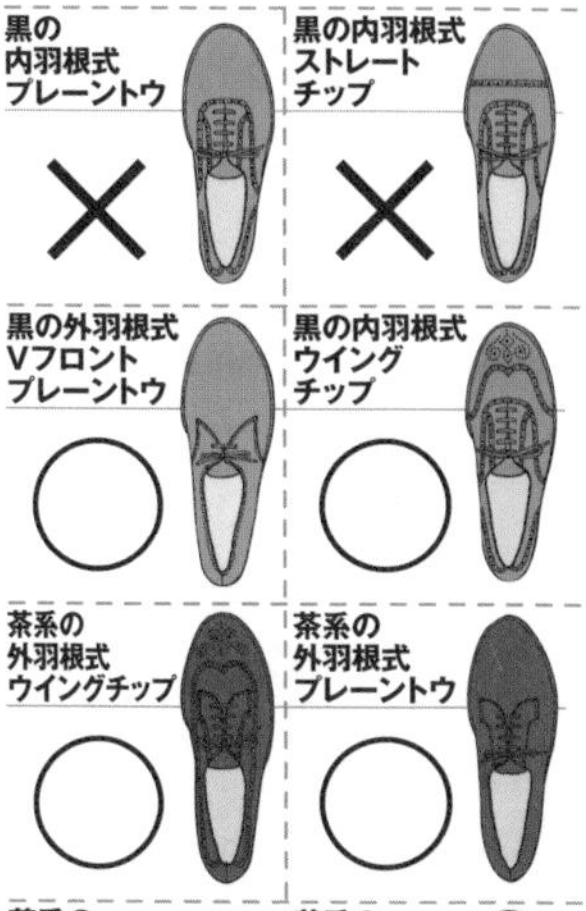

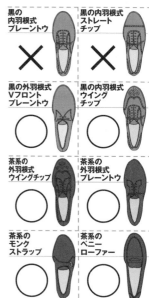

靴からはじまるお洒落関係

ベルトとバッグとの蜜月

足元を飾る靴は、ファッションのコーディネートの要となるもの。そして、その靴と密接な関係にあるのが、ベルトとバッグである。この3つの関係の調和を図り、上手なスタイリングを心掛けたい。

ストレートチップ¥29,400（ジャラン・スリウァヤ）、カーフベルト¥10,500（アンドレア・ダミコ）、レザーブリーフ¥48,300（マスターピース／以上、すべてBEYES表参道ヒルズ店 03-5785-0700）

ポイントは「色味」と「質感」を調和させること

憧れの本格革靴を手に入れてすっかりご満悦……、以上っ！ってうっかりなってはいないだろうか。もちろん、憧れの逸品だったからこそ、手に入れることが出来て嬉しいのはよくわかる。が、肝心なのは入手してから、実際にどう履くかである。

お洒落は足元からとはファッションの常套句であり、実際に、トータルのコーディネートの中での靴は、その重要な要として君臨するもの。靴だけが立派で、あとはバラバラなんてコーディネートをしようものなら、貴男に履かれた靴が可哀想である。

実は、トータルコーディネートの中で、靴を生かすためにも守っておきたいスタイリングの基本ルールというものが存在する。ご存知の方も多いかもしれないが、それは靴とベルトを合わせるというもの。例えば、想

黒の表革の光沢感を意識し、艶やかな大人の色香を演出する

写真＝関根明生

スエードとキャンバスが持つ、カジュアルな素材感をミックスさせる

像して欲しい。スーツ姿にブラックの革靴を履き、ライトブラウンのベルトを合わせる……。これでは、全体にチグハグ感が生じ、コーディネートが崩壊するというものだ。まぁ、もちろん一部例外の超高等テクニックで、あえてそれを合わせてしまうということも決してないわけではないし、カジュアルウェアではそこまで厳密ではなかったりするのだが、あくまでも基本はコレ。ぜひともそれは守りたい。

で、本誌ではそれに加えて、バッグも合わせることを提唱したい。なぜなら、バッグも靴やベルトと同様にコーディネートを構成する重要な要素であり、それらを合わせることによって、さらに全体にバランスのとれた美しいコーディネートが完成するからである。

合わせるポイントは基本的には2つ。「色味」と「質感」だ。決して難しいことではないので、すぐにでも実践してみよう。

チャッカブーツ¥58,800（クロケット＆ジョーンズ）、スエードベルト¥12,600（アンダーソンズ）、キャンバストート¥19,845（K.T.ルイストン／以上、すべてBEYES表参道ヒルズ店 03-5785-0700）

愛用の一足をもっと魅力的に!

シューレース・マスターへの道

お気に入りの一足を、いかにお洒落に履きこなすか……。その鍵を握るひとつのポイントが、シューレースの結び方であろう。フォーマル、あるいはカジュアルな印象を決定づけるのも、このシューレースの処理いかん。まずは、ここにご紹介する基本的な方法をマスターして欲しい。

For formal style [シングル]

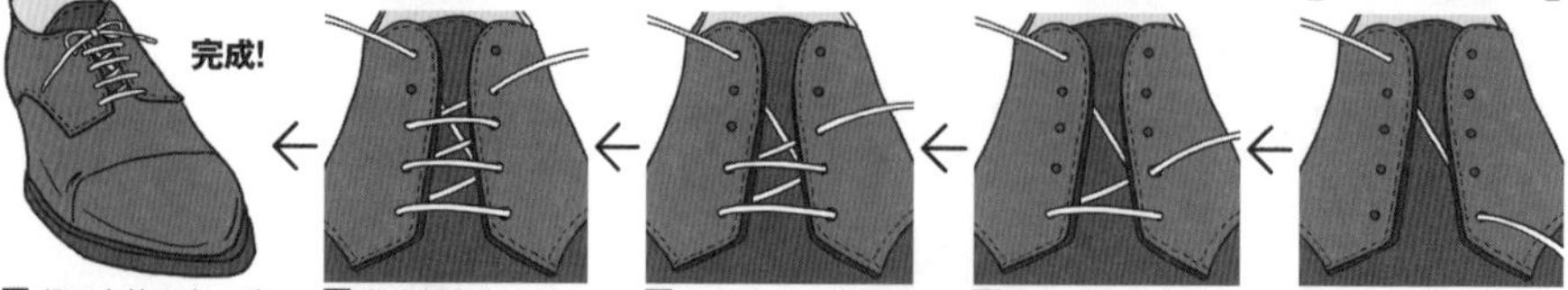

1 紐の左端を右最前列の穴に上から通し、左５番目の穴の下から出す。

2 紐の右端を左最前列の穴の上から通し、右２番目の穴の下から出す。

3 紐の右端を左２番目の穴の上から通し、右３番目の穴の下から出す。

4 紐右端を左３番目の穴の上から通した後、右４番目の穴の下から出す。

5 紐の右端を左４番目の穴の上から右５番目の穴の下を通し、両紐を結ぶ。

For formal style [パラレル]

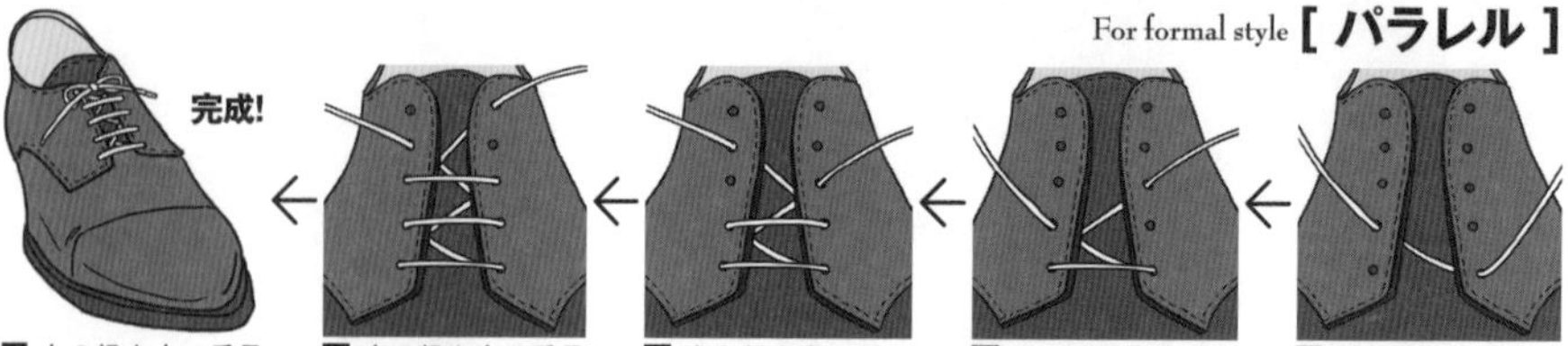

1 紐の左端を右最前列の穴に上から通し、左２番目の穴の下から出す。

2 紐の右端を左最前列の穴に上から通し、さらに右３番目の下から通す。

3 左の紐を右２番目の穴に上から通した後、さらに左４番目の下から出す。

4 右の紐を左３番目の穴に上から通し、右５番目の穴の下から出す。

5 左の紐を右４番目の穴の上から通し、左５番目の穴の下から出して結ぶ。

For casual style [オーバーラップ]

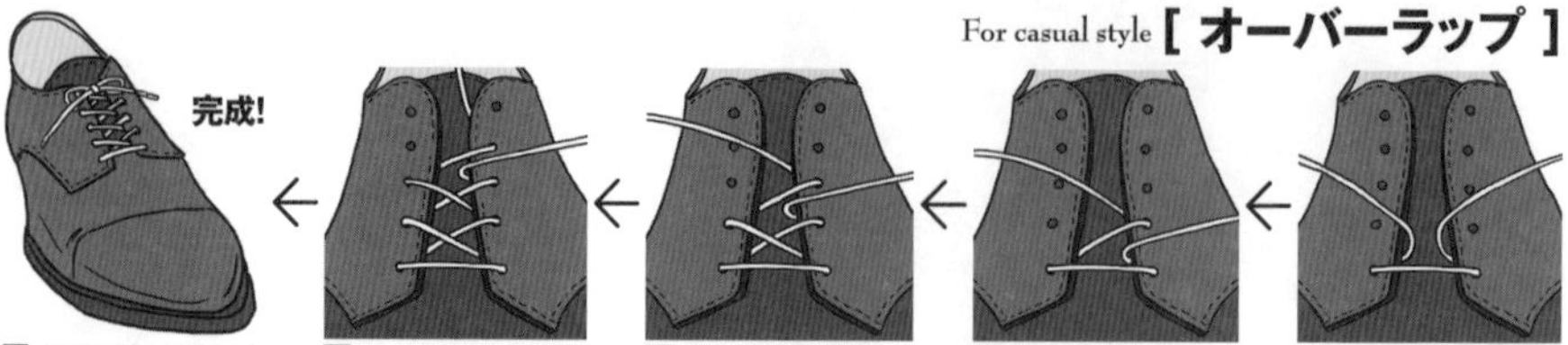

1 紐の右端を右最前列、左端を左最前列の穴の上から通しておく。

2 紐の左端を右２番目の穴に通す。ここで、上から紐を通すのがポイント。

3 紐の右端を左２番目の穴の上から通し、右３番目の上から出す。

4 紐の左端を左３番目、右４番目の穴の順にそれぞれ上から通していく。

5 右端を左４番目上から右5番目下を通し、左端を左５番目の下から出し結ぶ。

For casual style [アンダーラップ]

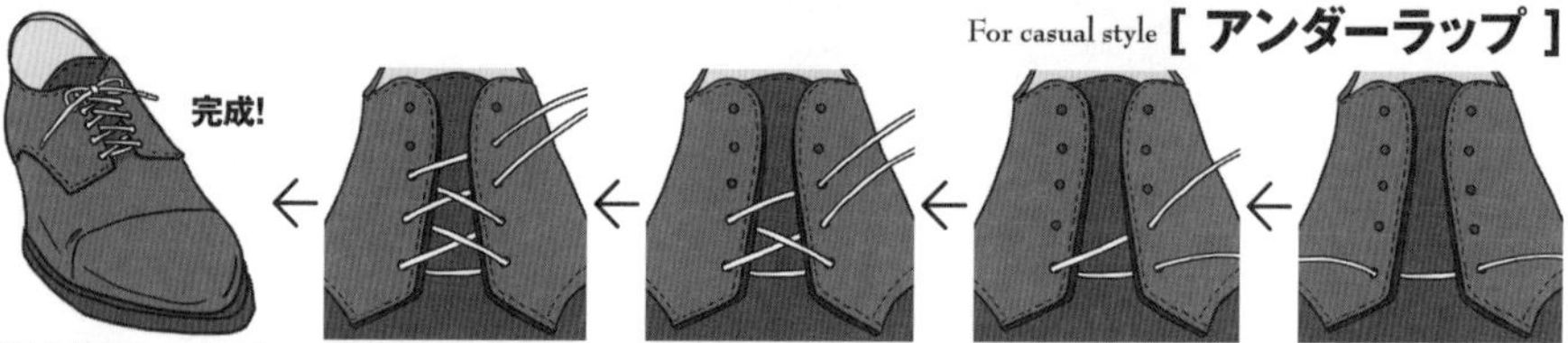

1 紐を右最前列の穴の上から入れ、左最前列の下から出すように通す。

2 紐の左端を右２番目の穴に通す。ここで、下から紐を通すのがポイント。

3 紐の右端を左２番目の穴の下から出し、右３番目の穴の下から出す。

4 紐の右端を左３番目の穴の下から通し、右４番目の穴の下から出す。

5 左端を左４番目下から右5番目下に出し、右端を左５番目の下から出し結ぶ。

※イラストは右足の場合。左足はこれと左右対称になるよう結ぶ。

Chapter. 03

SHOES Characters

PART.01

投資価値ありの、国別シューズ図録
<イギリス&イタリア編>

紳士靴の王者として君臨する、高い技術力と美意識

ジョン ロブ

JOHN LOBB

JOHN LOBB 2009

ブラック×キャラメルの微妙な色合いのコンビネーションが魅惑的なホールカット。2009年のイヤーモデルとして、10月25日に発売予定。グッドイヤーウェルト製法。
¥336,000

妥協のない高い技術力で風格漂う美しい靴を作り続ける、英国王室御用達の名店

ゴールドラッシュに沸くオーストラリアで靴職人として名を上げた、イギリス生まれのジョン・ロブ。帰国後の１８６３年には英国王室御用達の職人となり、１８６６年にロンドンで工房を開設。以後、ビスポーク靴専門店として名声を高めた。

１９７６年パリ支店が閉鎖されたが、その卓越した技術力を評価した「エルメス」が店舗とブランド商標権を買い取った。これが通称「ジョン ロブ パリ」（ビスポーク）。一方、今なお創業家によって経営されているロンドンのセントジェームス店ではビスポーク。ジャーミンストリート店では既成靴を販売している。

【商品お問い合わせ先】
ジョン ロブ ジャパン
千代田区丸の内3-1-1
電話／03-6267-6010

写真＝五十嵐和則、スタイリング＝田沼智美、文＝阿部彩子

PHILIP Ⅱ
ダークブラウンのパンチドキャップトゥ。ビスポークで高い人気を獲得していたモデルの、木型「7000」を使用したレディメイド版。グッドイヤーウェルト製法。
¥215,250

REDMIRE
大人の色香漂うダークブラウンのモンクストラップシューズ。やや大ぶりのスクエアバックルもデザインのアクセントとして効果的。グッドイヤーウェルト製法。
¥273,000

伝統と革新を繰り返す、洗練された靴作り

エドワード グリーン

EDWARD GREEN

DOVER

スラリと美しいフォルムの木型「82」を使用した、同ブランドを代表する名作と誉れ高いブラックのUチップ。ダブルソールを採用。グッドイヤーウェルト製法。(A)
¥141,750

最高の上質を追求した伝統の英国靴に、洗練さを加えて名ブランドへと進化

1890年にエドワード・グリーンがノーサンプトンで創業。上質の靴にこだわり、瞬く間に名声を上げた。1970年代に経営が傾きアメリカ資本に。1982年にはイタリアの靴デザイナー、ジョン・フルスティックが借金返済＋1ポンドで買収し再建に着手。典型的な英国靴のシェイプに洗練さを加え、一流ブランドへと成長した。

オリジナルの他、世界に名だたるブランドの靴も手掛けてきたため、各ブランドの世界観を反映した製品も多く、その奥深さも人気を呼んでいる。

【商品お問い合わせ先】
A／ワールド フットウェア ギャラリー 神宮前本店
渋谷区神宮前2-17-6
電話／03-3423-2021
B／ストラスブルゴ
港区南青山3-18-1
電話／0120-383-563

CHELSEA

こちらも同ブランドのスタンダードアイテムとして時代を越えて人気の高い内羽根のストレートチップ。木型「202」を使用している。グッドイヤーウェルト製法。（A）
¥135,450

MALVERN

英国ならではの重厚感が魅力的なウイングチップ。ナローラウンドのトゥがカジュアルさにエレガントなスパイスを加味。グッドイヤーウェルト製法。（B）
¥135,450

卓越した技術力を有する、実力派ブランド

クロケット&ジョーンズ

CROCKETT & JONES

MAIDWELL
たて琴型の内羽根の仕様が、クラシカルなエレガントさを引き立てるブラウンのセミブローグ。木型「360」を採用している。グッドイヤーウェルト製法。
¥69,300

伝統を受け継ぎつつ柔軟に進化を続け、豊かなバリエーションと高い技術力を誇る

1879年、イギリスの最高級靴の聖地ノーサンプトンで、ジェームズ・クロケットと義兄弟のチャールズ・ジョーンズにより創業された「クロケット&ジョーンズ」。長年、多くのブランドやメーカーのファクトリーとして靴を提供してきたが、ジョナサン・ジョーンズが指揮を執るようになってからは、オリジナル靴の製作にも精力的に力を注ぐようになった。

機械による合理化に依存せず、伝統的な靴作りの基本を守り、その技術の確かさと仕上がりの美しさには定評がある。

【商品お問い合わせ先】
トレーディングポスト青山本店
渋谷区神宮前3-1-30 HSビル1F
電話／03-5474-8725

AUDLEY
日本人の足にもフィットしやすい木型「337」を使ったストレートチップ。ハンドグレードラインの中の人気モデル。グッドイヤーウェルト製法。
¥76,650

MAIDSTONE
美しいノーズラインを描いたラウンドトゥが魅惑的に映る木型「360」を採用した、モンクストラップシューズ。グッドイヤーウェルト製法。
¥66,150

英国王室御用達の栄光を持つ、質実剛健な靴作り

トリッカーズ

TRICKER'S

M6138

やや膨らみを有するスクエアトゥが印象的な、ブラックのウイングチップ。カントリーライクなダブルソールもポイント。グッドイヤーウェルト製法。(A)

¥63,000

いい意味で武骨。履くほどに馴染み靴の面白さを存分に伝える、個性的な面構え

創業は1829年。英国靴の聖地ノーサンプトンでも最も長い歴史を誇る老舗ブランド「トリッカーズ」は、ジョセフ・トリッカーにより創業。今も子孫が経営を続けている。セント・ミッチェル通りにある工場にプリンス・オブ・ウェールズの紋章が掲げられていることが示すように、チャールズ皇太子の靴を製作している英国王室御用達ブランドでもある。

飽きのこない美しさのドレスラインと併せ、個性的なデザインと耐久性が自慢のカントリーラインも人気を誇っている。

【商品お問い合わせ先】
A/アンバーコート
渋谷区神宮前2-18-7外苑ビル2F
電話/03-3402-4101
B/トレーディングポスト青山本店
渋谷区神宮前3-1-30 HSビル1F
電話/03-5474-8725

M7228
同ブランドならではの質実剛健な作りの中に、ドレッシーさも感じさせるブラウンの外羽根式のパンチドキャップトゥ。グッドイヤーウェルト製法。(B)
¥60,900

7060G
アクセントにもなり、コーディネートしやすいキャメルカラーのカントリーシューズ。ぶ厚いダブルソールで、悪路でもタフに歩ける。グッドイヤーウェルト製法。(A)
¥60,900

トレンドを意識しつつも、英国らしさを損なわない靴作り

チャーチ

CHURCH'S

GOODRICH2
フォーマルでも大活躍する内羽根式のブラックのストレートチップ。決して派手さはないが、上質なカーフが持つ艶やかさが好印象。グッドイヤーウェルト製法。
¥91,350

世界にその名が広く知られる質実剛健な英国靴の代表格

１８７３年にノーサンプトンで創業した「チャーチ」は、小さな工房から始まったが、その独特の風格、スタイルが人気を呼び、世界にその名を轟かせるようになった。１９２９年にはニューヨークに出店するなど、比較的早くから世界市場を見据えた事業展開をしていたが、２０００年に「プラダ」の傘下に。以来、ファッション性を意識した靴も手掛けている。しかし、ファンの間では買収前のモデルもオールド・チャーチ（旧チャーチ）と呼ばれ、今でも変わらず高い人気を誇っている。

【商品お問い合わせ先】
渡辺産業プレスルーム
港区南青山5-14-1 グリーンビル1F
電話／03-5466-3446

DIPLOMAT

同ブランドの創業を飾った木型「73」の流れを受継ぐ、木型「173」を使用するブラウンのセミブローグ。クラシックな雰囲気に酔いたい。グッドイヤーウェルト製法。

¥86,100

MERTHYR

タフで男らしい作りが自慢の同ブランドがお届けするブラックのジョッパーブーツ。ラストの美しさが際立つ、デザインに脱帽。グッドイヤーウェルト製法。

¥99,750

時代の空気を呼吸しつつも、キラリと光る伝統技

チーニー

CHEANEY

R674
デニムとも相性がいい、ダークブラウンのUチップ。アンティーク調に仕上げられたアッパーと、モダンなトゥのフォルムが秀逸。グッドイヤーウェルト製法。
¥52,500

確かな技術力と時代を敏感に読む力は、有名ブランドのファクトリーとしての実力

1886年にジョセフ・チーニーが、イギリスはノーサンプトンシャー州のデスバラーで開いた小さな工場が「チーニー」の始まり。創業当時は、いくつかの工場で工程を分けて靴を製造していたが、1896年に工場を移転。新工場では、1カ所で全ての工程が行われるようになり、以来飛躍的に成長した。

有名ブランドやショップのファクトリーとしての実績が多く、デザインに対しては非常に柔軟。その過程で培った技術や知識を活かして、モードな靴も数多く生み出している。

【商品お問い合わせ先】
渡辺産業プレスルーム
港区南青山5-14-1 グリーンビル1F
電話／03-5466-3446

R3286
細やかなメダリオンとステッチワークが、ドレッシーな気分を盛り上げるブラックのセミブローグ。トゥのラインもエレガントだ。グッドイヤーウェルト製法。
¥52,500

R520
同ブランドのド定番の木型「3888」を使用した内羽根式のストレートチップ。やや長めで甲薄な作りが軽快な印象を与える。グッドイヤーウェルト製法。
¥52,500

時代を越えて受け継がれる、英国クラフツマンシップの良心

グレンソン

GRENSON

KENNET

伝統的なモカ縫いの技術ををたっぷりと盛り込んだUチップ。カジュアルさの中にも、確かな品格がしっかりと見てとれる。グッドイヤーウェルト製法。
¥65,100

GRENSON / ENGLAND

代々受け継がれる
クオリティはもちろん、
研究熱心な職人気質で
デザインも向上中

ウィリアム・グリーンが、イギリス・ノーサンプトンシャー州のラシュデンで1866年靴製造業を開始。翌年には会社化した。ブランド名は「グリーンと息子（Green & Son）」を縮めたもので、最高品質を求める職人気質は、息子たちに代々受け継がれている。それは最新の技術や機械よりも、熟練職人の技を大切にしていることにも現れている。'05年に気鋭のデザイナーのティム・リトルを招聘。クラシックな中にもモダンさが感じられるコレクションを展開している。

【商品お問い合わせ先】
大塚製靴
港区新橋4-23-4
電話／03-3459-8521

LONDON
クラシカルなイギリスの良心をふんだんに盛り込んだ、ブラックの内羽根式のストレートチップ。古くなり過ぎない匙加減も流石！　グッドイヤーウェルト製法。
¥71,400

SKIPTON
クラシカルな感性とモダンなエッセンスとが絶妙にミックスされた秀逸なデザイン。ドレッシーに楽しみたいチャッカブーツだ。グッドイヤーウェルト製法。
¥76,650

伝説の靴職人が興した、唯一無二のスタイル

ジョージ クレバリー

GEORGE CLEVERLEY

ホールカット
上品に配されたメダリオンが印象的な人気のワンピースモデル。エレガントなフォルムを構築する、高い技術力は圧巻だ。グッドイヤーウェルト製法。
¥92,400

天才靴職人の美学を弟子が受け継ぐ一足には、ビスポーク譲りの優美な品格と威厳が備わる

靴作りを行う家庭に生まれた靴職人、ジョージ・クレバリーが、1958年にロンドンで創業。靴好きの間でベスト・ビスポークシューズと絶賛されるほど、そのクオリティは圧巻。チゼル・トゥの完成者として知られる氏が1991年に死去し、ブランドは一時その名を潜めたが、2年後に弟子のジョン・カネラとジョージ・グラスゴーが再興。靴作りに妥協を許さない創業者の美学を受け継ぎ、ビスポーク靴作りで培った技を取り入れたエレガントな靴を作り続けている。

【商品お問い合わせ先】
ビームスF
渋谷区神宮前3-25-14 1F・2F
電話／03-3470-3946

コンビサドル
カーフ×ロシアンカーフのコンビネーションが美しいサドルシューズ。ドレッシーな気品に包まれた、唯一無二の“様式美”をご堪能あれ。グッドイヤーウェルト製法。
¥189,000

ローファー
細身の木型でエレガントさを強調したローファー。アンラインドにより、軽さと履きやすさを実現。大人の艶を演出してくれる。グッドイヤーウェルト製法。
¥79,800

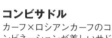

数々のVIPに愛され続ける、完全自社生産が育む気品

アルティオリ

ARTIOLI

G6L383
ほど良いロングノーズが美しい、サイドレース仕様。ハンドフィニッシュのアンティーク加工のカーフに施された上品なメダリオンも秀逸。マッケイ製法。
¥138,600

細部まで美しい気品に満ちた一足。軽快さと豊富なデザインに世界中のセレブも夢中

ミラノでセヴェリーノ・アルティオリが、1945年に創業。創業当時は7、8人で切り盛りする小さな工場だったが、ほんの数年で急成長を遂げた。

顧客には俳優、政治家など、世界中のセレブが名を連ねている。長時間靴を履き、絨毯の上を歩くことが多く、また、ファッション性や他の人とは違うオリジナリティを求めるセレブたちを満足させる必要がある。そのため「アルティオリ」の靴の98%は、しなやかで軽く、デザインの自由度が高くなるマッケイ製法で作られている。

【商品お問い合わせ先】
ラフィネリア
新宿区四谷2-11 アシストビル1F
電話／03-5366-0066

注／2009年10月より、千代田区丸ノ内1-5-1（03-3287-6336）に移転。

G6H707

ムラ感のあるナス紺が個性的なツーアイレットのシューズ。シンプルながらも、艶やかに強調されたロングノーズが履く者を魅了する。マッケイ製法。

¥138,600

G6L195

シャープに象られたロングノーズ気味のスクエアトゥが特徴的なモンクストラップ。バックルの形状にも、エレガントさを感じさせるのは流石。マッケイ製法。

¥176,400

革の魔術師が織り成す、魅惑の表情を持つ靴作り

ステファノ ベーメル

STEFANO BEMER

101s
丁寧なステッチワークが美しい、ブラウンのスエードタッセルスリッポン。一目でその上質さを語るスエードの質感も魅惑的。ハンドソーンウェルト製法。
¥199,500

STEFANO BEMER / ITALY

30代で名声を轟かせ、若い斬新な発想で縦横無尽に素材を操る革の魔術師

靴の修理工だったステファノ・ベーメルが、その名を冠したビスポーク靴を作り始めたのは1988年。その天才的な技量で、彼の名前はあっという間にイタリア全土に知れ渡り、2000年には30代にしてプレタラインをスタートさせた。

彼の、既成概念に捕われない素材使いは斬新で、それにより様々な表情の靴を生み出している。象や鮫など、靴には珍しい素材も含め、あらゆる種類の革を用い、またそれを活かす高度な技術を駆使することから「革の魔術師」とも呼ばれている。

【商品お問い合わせ先】
伊勢丹新宿店
新宿区新宿3-14-1
電話／03-3352-1111

601

繊細に配置されたメダリオンが、同ブランドならではの高い技術力を象徴しているウイングチップ。このエレガントさは英国靴にはないかも!?　ハンドソーンウェルト製法。

¥189,000

702c

V字にカットされた履き口が、履きやすさを高めているチャッカブーツ。ラクダの革をチョイスするあたり、革の魔術師の真骨頂か。ハンドソーンウェルト製法。

¥210,000

多彩な表情を生み出す、靴職人たちのあくなき挑戦

サントーニ

SANTONI

9341

デザイン性の高いダブルモンク。優美なプロポーションはもちろん、革の切返しや、バックルの形状など、靴好きを唸らせる仕様が満載だ。ブレークラピッド製法。

¥84,000

多種多様な製法を駆使する圧倒的な器用さと演出力の高さでイタリアでも屈指の存在

1977年にアンドレア・サントーニによってマルケ地方で創業された「サントーニ」。イタリアのシューメーカーの中では歴史は浅い方だが、その評価は老舗にも劣らないものがある。

トレンドを柔軟に取り入れるデザイン力や、ハンドペイントの技術の高さはもちろん、採用している製法の多彩さは他の追随を許さない。オリジナル製法のグッドイヤー・アルコッタを始め、10種類以上の製法をモデルに合わせて選択する器用さと柔軟さで、次々と新モデルをリリースしている。

【商品お問い合わせ先】
サントーニ東京
中央区銀座8-5-1 プラザG8・1F
電話／03-3574-0923

SANTONI / ITALY

90790
独特のアイレット間隔と、繊細なステッチワークが洒脱な雰囲気を引き立てるホールカット。同ブランドならではのロングノーズも美しい。マッケイ製法。
¥76,650

9165
ワインレッドのムラ染めの美しさが、手仕事の丁寧さを象徴するサイドゴアブーツ。ステッチワークと切り替えにも、キラリと光るセンスが伺える。マッケイ製法。
¥84,000

幅広いスタイルを構築する、高い技術力と美意識

シルヴァノ ラッタンツィ

SILVANO LATTANZI

SATURNINO
黒から茶のグラデーションが、大人の色気を際立たせるレースアップブーツ。端正なシャドウステッチも技術の高さを伝える。ハンドソーンウェルト製法。（A）
¥346,500

一流の技術力とラッタンツィ流の表現で生まれる多様なデザインはもはやアートの域

1950年、靴職人の両親のもとに生まれたシルヴァノ・ラッタンツィが、靴職人としての道を歩み始めたのは、わずか9歳の時だった。そして、自身の名を冠した工房をマルケ地方に創業したのは1971年。以来、その確かな技術力と斬新な創造力、卓越したデザイン力で、クラシックからモードまで幅広いスタイルに対応する靴を生み出している。ラッタンツィ独自の世界観と、細部まで手が込んだ、決して妥協を許さない姿勢で作られる靴は、芸術品とまで言われている。

【商品お問い合わせ先】
A／伊勢丹新宿店
新宿区新宿3-14-1
電話／03-3352-1111
B／ワールド フットウェア ギャラリー 神宮前本店
渋谷区神宮前2-17-6
電話／03-3423-2021

MORAN

華麗な佇まいを引き立てるシューレースがポイントのウイングチップ。濃淡のついた、革の味わい深さも存分に堪能したい。ハンドソーンウェルト製法。(A)
¥294,000

EG2 2000

イギリス的な実直な靴作りを同ブランドが昇華すると、このようなパンチドキャップトゥに。ビビッドなレッドの革が印象的。ハンドソーンウェルト製法。(B)
¥231,000

ミラノ貴族たちを魅了した、乗馬用ブーツの老舗

タニノ・クリスチー

TANINO CRISCI

FLASOTTO
同ブランドお得意のジョッパーブーツ。繊細な丸みを帯びたバックルのエレガントなデザインも、靴好きたちを魅了するポイントといえよう。マッケイ製法。
¥197,400

高い技術力とともに代々受け継がれるのは、足を入れた瞬間にわかる履き心地へのこだわり

ミラノの貴族たちの乗馬用ブーツや靴を作り、「靴作りの名人」と呼ばれていたタニノ・クリスチーが、ミラノに小さな店を構えたのは1876年のこと。彼にとって一番大切なことは、靴に足を入れればすぐにわかる履き心地の良さだった。そしてその哲学と、名人と呼ばれた高い技術力はクリスチー家に代々受け継がれた。現在でも4代目継承者自ら製造の各工程に目を通し、商品のデザインから完成品の品質まで厳しくチェックを行い、初代の精神と高い品質を守り続けている。

【商品お問い合わせ先】
タニノ・クリスチー 銀座店
中央区銀座8-6-24
電話／03-5537-0555

ZANTELLO

ハンドペインティングならではのブラウンの奥行きに酔いしれたいストレートチップ。シンプルさの中に秘めた、絶妙なバランス感覚が秀逸。マッケイ製法。

¥168,000

LUDWIG

同ブランドの人気モデルとして知られるダブルモンク。クラシックなセミスクエアトゥのデザインが、コーディネートの幅をおおいに広げる。マッケイ製法。

¥168,000

セクシーかつエレガントな、大人の色香漂うスタイル

ステファノ ビ

STEFANO BI

S2005
独創的なステッチワークが他に類を見ないサイドゴアブーツ。スマートなノーズラインが、履く者をエレガントに演出してくれる。マッケイ製法。（A）
¥82,950

品のある色気はイタリアならでは。技術力の高さでLVMHグループに属す

1990年にステファノ・ブランキーニが創業した「ステファノビ」。1996年には品質の良さと技術力の高さを買われてLVMHグループの傘下に。以来、よりスタイリッシュになった「ステファノビ」の特徴は、ハンドペイントによる極上色をまとった、個性的でセクシーかつエレガントなスタイル。世界最高水準とも称される製靴の技術や、美しいステッチワークは多くの靴ファンたちを魅了している。近年では日本人の足にフィットするモデルも増え、人気が高まっている。

【商品お問い合わせ先】
A／伊勢丹新宿店
新宿区新宿3-14-1
電話／03-3352-1111
B／ワールド フットウェア ギャラリー 神宮前本店
渋谷区神宮前2-17-6
電話／03-3423-2021

STW2416

上質なダークブラウンのスエードが魅惑的なストレートチップ。スタイリッシュなフォルムと、独自の切り替えがポイント。グッドイヤーウェルト製法。(B)
¥79,800

S2119

ラグジュアリー感の高い、ネイビーのレザースニーカー。ビブラム社製のゴムソールが、快適な歩行をサポートしてくれる。インソールとのコントラストも◎。(A)
¥48,300

徹底した品質管理が約束する、最上級の履く“悦び”

エンツォ ボナフェ

ENZO BONAFE

BARTOLOMEO
シャープなノーズが、現代的な雰囲気を演出するタッセルローファー。ウエスト部分を丸コバ仕上げにするこだわりもニクイ。グッドイヤーウェルト製法。
¥96,600

VERROCCHIO
ロングノーズを際立たせる、ツーアイレットの外羽根仕様のプレーントゥ。イタリアらしい開放的な意匠が魅力だ。グッドイヤーウェルト&マッケイの2C製法。
¥96,600

MORANDI
その形状が斬新なデザインのサイドストラップ仕様。艶やかで上質なネイビーのカーフも、魅惑的な彩りを加える。グッドイヤーウェルト&マッケイの2C製法。
¥96,600

品質の良さはイタリア国家お墨付き。エレガントな美しさは同国製ならでは

10代から「ア・テストーニ」で修業を積んだエンツォ・ボナフェが、ボローニャで創業したのは1963年、28歳の時だった。徹底した品質管理で知られる「エンツォ ボナフェ」の素晴らしさは国も認めるほどで、1986年にはイタリアの文化振興に寄与したとして大統領から表彰された。また、顧客にはローマ法王ヨハネ・パウロ2世も名を連ねていた。

巧みなステッチワークを活かしつつ、さらに全体にもしっかり目が行き届いた美しさは、実にイタリアらしいと言える。

【商品お問い合わせ先】
ビームスF
渋谷区神宮前3-25-14 1F・2F
電話／03-3470-3946

Chapter. 04

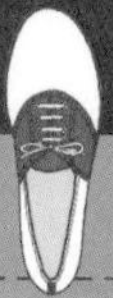

Buy Smart

間違いなく
“通”と呼ばれる、
靴の購入学

適時に“じっくり”がキモ！！

正しい靴の選び方

どんなにデザインが自分好みのものであっても、
自身の足に合っていない靴であれば機能として
問題がある。ぜひ、正しい靴選びを実践したい。

敏腕シューフィッターが、正しい靴選びのコツを伝授

足は「第二の心臓」と呼ばれる健康にとって大切な部分。自分の足に合わない靴を選び、そして履き続けたばかりに、思わぬトラブルに巻き込まれることも、脅しではなく少なくはないのだ。だからこそ、その選択には入念な配慮が欠かせない。

銀座に軒を構えて76年目を迎える老舗靴店、銀座ワシントン銀座本店の桜井修さんに、正しい靴選びのコツを伺った。

「まずは信頼できる良い店を選ぶことが大切。良い店を見分けるポイントは、〝適度の緊張感がある〟〝店内が見やすい〟〝佇まいの良いスタッフがいる〟です。フィッティングは、経験豊富なスタッフと共に行えば間違いありません。それから、人間の足は夜になるにつれて膨張します。それを想定して、可能ならば夕方以降に来店するのも良いでしょう」

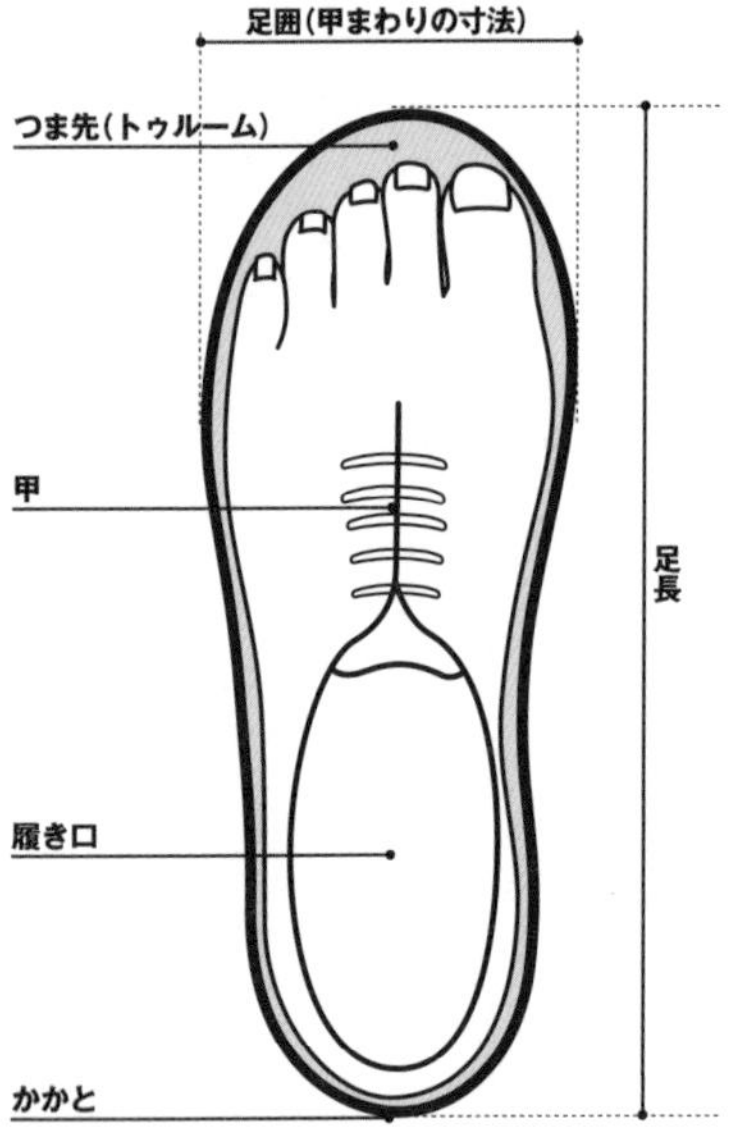

良い店を見わける、3つのポイント

Point 1
店内の空気が適度な緊張感に満ちている
緊張感＝真摯な気持ちがない店はNG!

Point 2
1足ずつ靴が見やすく並べてある
ゴチャゴチャしたディスプレイはNG!

Point 3
スタッフの佇まいがキチンとしている
靴選びの相方がだらしがないのはNG!

絵＝澤田 素

フィッティングのコツ

Point 1

踵をヒールにピッタリとつける

靴に足を入れたら、まずはピッタリと踵をヒールにつけた状態で紐を結び、ヒールのホールド感が良いかをチェック。

踵に余分な空きがあると、歩きやすさに影響する。

Point 2

小指の感触でフィット感を確認

革の側面が小指に「点」で当たると、小指への負荷が大きく痛みの原因となる。「面」で当たることが大切だ。

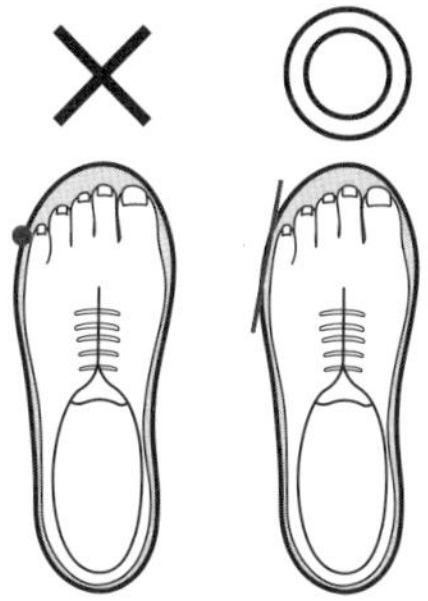

点は×

面は○

Point 3

指の前滑りと横ブレがないかを確認

親指と小指の付根（ボールジョイント）がしっかり固定されていて、靴の中で足が前後に動かないかをチェックする。

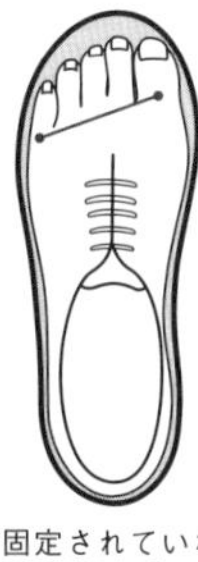

ここが固定されていないと、靴ズレの原因になる。

Point 4

いつもと同じ姿勢で歩いてみる

店内をいつも通りに歩き、1～3の項目を入念に確かめる。ただし、強く足踏みをするなどの商品を傷める行為は慎みたい。

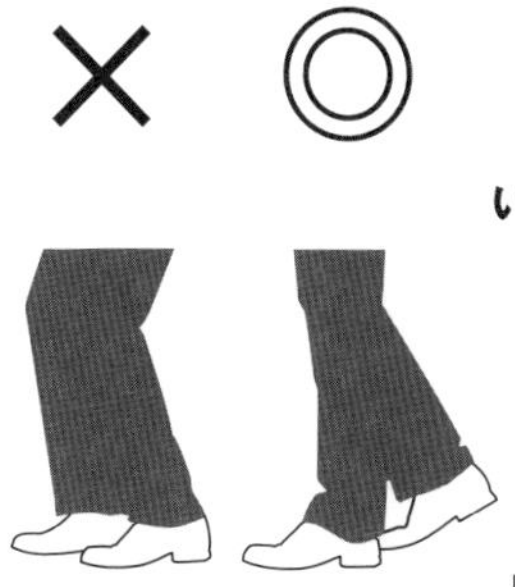

不必要に踏込むのはNG。

あくまでも、自然に歩く。

ウィズ表

※ボールジョイントの外周によって定まるのがウィズで、Aに近いほど細い。一般的にはC～Eあたりだろう。

30	29.5	29	28.5	28	27.5	27	26.5	26	25.5	25	24.5	24	23.5	23	
249	246	243	240	237	234	231	228	225	222	219	216	213	210	207	A
255	252	249	246	243	240	237	234	231	228	225	222	219	216	213	B
261	258	255	252	249	246	243	240	237	234	231	228	225	222	219	C
267	264	261	258	255	252	249	246	243	240	237	234	231	228	225	D
273	270	267	264	261	258	255	252	249	246	243	240	237	234	231	E
279	276	273	270	267	264	261	258	255	252	249	246	243	240	237	EE
285	282	279	276	273	270	267	264	261	258	255	252	249	246	243	EEE
291	288	285	282	279	276	273	270	267	264	261	258	255	252	249	EEEE
297	294	291	288	285	282	279	276	273	270	267	264	261	258	255	F
303	300	297	294	291	288	285	282	279	276	273	270	267	264	261	G

国別サイズ表

29	28.5	28	27.5	27	26.5	26	25.5	25	24.5	24	23.5	23	日本（cm）
10½	10	9½	9	8½	8	7½	7	6½	6	5½	5	4½	英
11	10½	10	9½	9	8½	8	7½	7	6½	6	5½	5	米
48	47	46	45	44	43	42	41	40	39	38	37	36	仏・伊

熟練のショップスタッフが直伝！

良質な靴の見極め方

いかに良質な靴を入手するかについては、いちユーザーとしては存分に神経を使いたいものである。では、良い靴を見極めるポイントとは？

良い靴のほとんどは、その底まわりで判断できる

こと、メンズの本格革靴に関して言えば、その製品の仕上げに熟練の職人技が加味されることがほとんどで、その腕次第で、仕上がりの印象が異なって見えることが多々あるものだ。

もちろん、それはコストの関係も含めた諸々のバランスで成立することなので、安易に「これは良い靴」、「これは悪い靴」とは決していえない。

だが、その大前提を充分に踏まえた上で、どこぞの鑑定団の先生よろしく「良い仕事してますねぇ」と、もっともらしく言ってみたい！　そんな願いを持つ貴男に向け、先にもご登場いただいた桜井さんが、良質な靴を見極めるツボを教えてくれた。

「基本的には、底まわりと内側がきれいな靴は、他の部分も上質と言えるでしょう。あと、踵の肉付きに応じたシルエットを持っていることも肝要です」

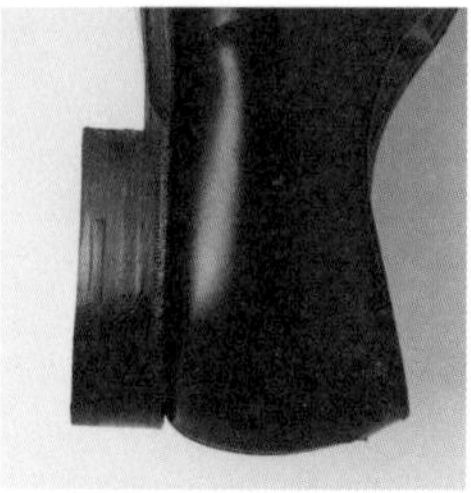

Point 1

ツヤ切れの良い底まわり

コバなどの底まわりがきれいな仕上がりの靴は、甲にも上質な素材を用いているのが一般的。

Point 2

内側にも良質な革を使用

1と同様に内側など見えにくい部分の作りにもこだわりのある靴は、ほぼ良質な靴と言い切れる。

Point 3

踵に沿ったプロポーション

踵の内側と外側とでは肉付きが違うもの。靴もそれに即した形状であることが不可欠である。

案内人／銀座ワシントン銀座本店・桜井 修

東京都中央区銀座 5-7-7
☎ 03-3572-4982
http://www.washington-shoe.co.jp

写真＝コフクミサコ

1履き2休から逆算する

マスト・バイの3足とは?

自身のお気に入りの一足と末永くつき合うためにも「1履き2休」は取り入れたい。となると、自ずと最低限所有すべき靴の数が導きだされる。

1
ストレートチップ
フォーマルな席には、それ相応の靴で参加すべき。黒の内羽根式のものなら、決してハズさない。

2
プレーントゥ
コーディネートを選ばないのがプレーントゥの優れたところ。黒でも茶でも、一足は所有したい。

3
スエードシューズ
カジュアルな印象の強いスエード素材の靴も、大人の余裕を表現するアイテムとして向き合いたい。

基本中の基本を押さえ、遊びの部分をどう作るか

いくらお気に入りの一足だからといって、毎日同じ靴を履き続けてしまったら、その靴の寿命を自ずと縮めてしまうことになりかねない。なぜなら、人間は足にもしっかりと汗をかくものであり、その汗が乾ききらないと、内側の革を傷めてしまうことに繋がる。メンテナンス方法の解説は別章に譲るとして、ここでは基本的な考え方として、1日履いたら2日は靴を休ませる。つまり「1履き2休」のローテーションを維持することを前提に、どういう靴を最低限所有するかについて触れたい。

まず、フォーマルに使える内羽根の黒のストレートチップは欠かせない。それから、着こなしの汎用性を考えるとプレーントゥは便利。あとは好みだが、大人の余裕を感じさせるスエード靴があると、より洒脱さを演出できるはずである。

絵＝綿谷 寛

うっかり、NGな客になってませんか？

やってはいけない、靴選びのタブー

「紳士の装い選びは、良質な店舗で、良質な店員と、良質な信頼関係を成立させながら行うのが基本。それは当然、靴選びにも該当することだ。」

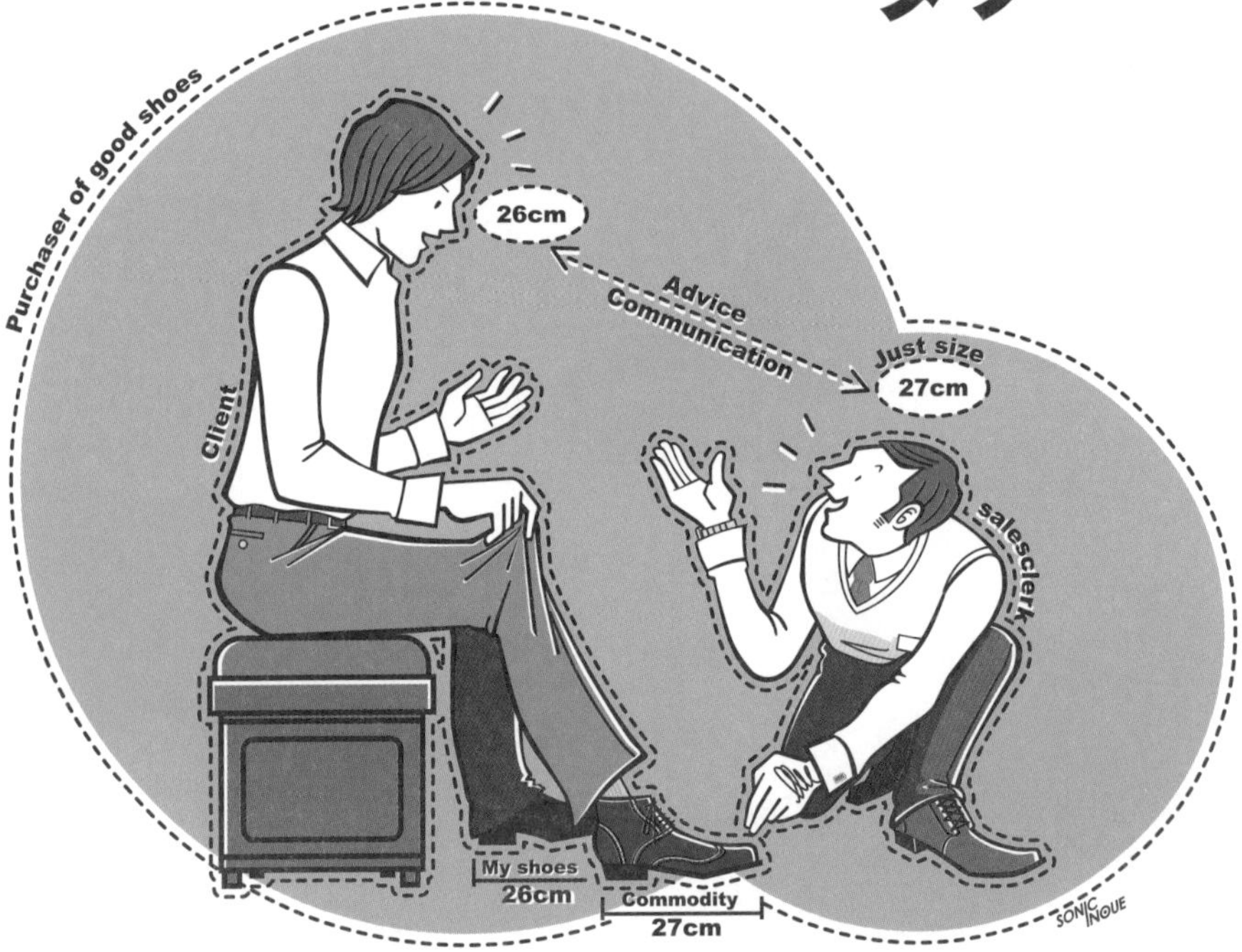

せっかく高級紳士靴店に足を踏み入れたのならば、カッコいい大人の男として、それ相応にカッコよく店内でも立ち居振る舞いたいものである。うかつに、馴れない手つきで靴を触り、店員さんに怒られてしまったら、なんともカッコ悪すぎる……。そんな思いを胸に、またまた銀座ワシントン 銀座本店の桜井さんに、大人の男としてカッコ悪過ぎる「NGなお客は？」を単刀直入に訪ねてみた。

「いま履いていらっしゃる靴のサイズに、執拗にこだわる方でしょうか。靴は、その木型によって足入れサイズが異なります。例え同じブランドでも、木型が異なれば足入れサイズ、フィッティングが変わります」

なるほど、数字に囚われるなということですな。もちろん、商品を「雑」に扱わないことも基本中の基本。あくまでも、紳士な姿勢を崩さず、ニュートラルに靴と向き合うことが肝要といえるだろう。

絵＝井上雅史

Chapter. 05

SHOES Characters

PART.02

投資価値ありの、国別シューズ図録
＜フランス、アメリカ、日本、その他編＞

堅牢でしなやかな作りが自慢の、フランスを代表する匠の技

ジェイエム ウエストン

J.M. WESTON

クラシックライン180
その名の通り、クラシックな雰囲気を醸すペニーローファー。繊細なディテール処理で、ドレッシーなコーディネートにも合う。グッドイヤーウェルト製法。
¥76,650

J.M.WESTON / FRANCE

世紀をまたいで 製法と定番モデルを 頑なに守り続ける、 フランスを代表する老舗

1891年にリモージュで、エドワール・ブランシャールが創業。1904年に創業者の息子がアメリカ留学をし、そこで学んだグッドイヤーウェルト製法を、100年以上経った現在でも忠実に守り続けている。2001年にデザイナーのミッシェル・ペリーを迎え、モダンにリニューアルされた。しかし、全工程を職人が手作業で行う伝統や、品質に対する情熱はそのまま。さらに、昔ながらの定番モデルは一切変えずにニューモデルを生み出しているところが、ますます魅力的である。

【商品お問い合わせ先】
ジェイエムウエストン ジャパン
電話／03-5413-1348

写真＝五十嵐和則、スタイリング＝田沼智美、文＝阿部彩子

グラフィックライン449
丸みを帯びた外羽根の仕上げが印象的なプレーントゥ。ロングノーズが描く美しいラインが、履く者の品位を高めてくれる。グッドイヤーウェルト製法。
¥103,425

クラシックライン705
センターに配されたクリースラインがシャープな表情を際立たせているサイドゴアブーツ。着こなしの幅が広がる汎用性の高い逸品。グッドイヤーウェルト製法。
¥107,100

英、伊、仏の長所が詰まった、独自の世界観が魅力

オーベルシー

AUBERCY

Bestguy
ふくよかで優美なフォルムと独自性溢れるサイドレース仕様が魅惑的な逸品。アッパーの味わい深い染めのムラ感も絶妙な仕上がりだ。ハンドソーンウェルト製法。
¥136,500

フランスのエスプリにイタリアのエレガンスとイギリスの品質が融合した稀有なオリジナリティ

レニー＆アンドレ・オーベルシーが1935年にパリで創業。アンドレがイギリスで製靴技術を学んだため、作りはイギリス仕様だが、1956年に工場をイタリアに移転したことで当地のデザイン性が加味された。さらに本国フランスの靴が持つ独創性をプラス。こうして「オーベルシー」の靴はイギリス、イタリア、フランスの要素がバランス良く融合した理想的なものとなった。コンテンポラリーでありながらクラシックをベースとしているため、日本人にも履きやすく人気が高い。

【商品お問い合わせ先】
アソシエイテッド・インターナショナル
港区南青山2-2-8 DFビル7F
電話／03-3479-3311

3458
ベーシックな内羽根式のストレートチップ。サドル部分の切り替えなどには、レベルソ（ふせ縫い）という特種技法が配されている。ハンドソーンウェルト製法。
¥141,750

3565
シャープなアッパーからトゥにかけてのシルエットが美しいローファー。繊細なモカ縫いの処理も、高い技術力があってこそだ。ハンドソーンウェルト製法。
¥136,500

アーティスティックな感覚と、それを支える卓越した技術

ベルルッティ

BERLUTI

ピエール・コレクション

スリーアイレットのホールカット。シンプルなフォルムながらも、エレガントさを内包するデザインセンスは同ブランドならではの仕上がりだ。マッケイ製法。
¥136,500

BERLUTI / FRANCE

職人かつ芸術家の一族が受け継ぐ独創性と品質。4代目、色と形の魔術師が靴をオブジェに昇華

1895年、アレッサンドロ・ベルルッティがパリで創業して以来、職人であり芸術家である一族によって代々受け継がれている「ベルルッティ」。4代目のオルガは、靴は芸術作品という哲学のもと、オブジェのような靴を生み出している。

彼女が、月の色の移り変わりにインスピレーションを受けて考案したパティーヌという色付方法は独特の透明感を誇る。また程良い柔らかさを持ち磨くほどに輝きを増す、ヴェネチア・レザーは足を優しく包み込み、抜群の快適さを実現している。

【商品お問い合わせ先】
ベルルッティ・インフォメーション・デスク
港区南青山1-1-1 青山ツイン西館1F
電話／0120-203-718

クラブ・コレクション
シャープさを際立たせたロングノーズのローファー。丹念に染めあげられた革の表情からも、同ブランドの丁寧な仕事ぶりがうかがえる。マッケイ製法。
¥160,440

オルガⅢ・コレクション
艶やかで上品なブラウンの2トーン仕上げの逸品。斜めに施された独特のトゥの切り替えと、滑らかな曲線が描く構成美を存分に堪能したい。マッケイ製法。
¥187,950

高い美意識が行き渡る、芸術の粋に達する靴作り

コルテ

CORTHAY

005NE
外羽根式のブラックのプレーントゥ。シンプルなデザインながらも、どこか優美さを内包する美意識は同ブランドならでは。グッドイヤーウェルト製法。
¥141,750

世界のVIPを魅了。オーダー靴の優美さに独自のセンスをプラスした芸術的なプレタ靴

1990年、ピエール・コルテはパリで高級注文靴のメゾンを創業させた。その後2004年に、より多くの人に履いて欲しいとスタートさせたのが、完全自社生産の既成靴ラインである「コルテ」。グッドイヤーウェルト製法による靴は、「ベグデーグル（鷲のくちばし）」と呼ばれるトゥの秀逸な曲線美や、「絵画の額縁」と称されるコバにも機能や美しさを追求している。ピエール・コルテ自ら製造の全てを監修することで、その美意識は、既成靴にも如何なく発揮されている。

【商品お問い合わせ先】
コルテ 東京本店
港区南青山6-11-8 M.A.K.フラット1F
電話／03-3407-0611

001RS
ドレッシーな佇まいのブラウンスエードのローファー。遊び心いっぱいのステッチワークと、滑らかなヒールラインが秀逸。グッドイヤーウェルト製法。
¥134,400

001AR
アイレットの下位置で結ぶシューレースのスタイルや、カッティングにこだわった羽根の仕様が独創的な佇まいのプレーントゥ。グッドイヤーウェルト製法。
¥126,000

高い実用性を追求する、フランスを代表する靴ブランド

パラブーツ

PARABOOT

CHAMBORD
ハニカム構造のゴムソールが高い衝撃吸収性を実現しているUチップ。高いデザイン性もさながらその歩きやすさは特筆に値する。ノルヴェイジャン製法。
¥58,800

機能的かつタフ。飽きのこないデザインのラバーソールシューズは、まさに一生もの

1919年創業の「パラブーツ」の始まりは、フランスの靴職人、レミー・リシャールポンヴェールがアメリカ滞在中に出会ったラバーソールブーツ。ブラジルのパラ港から海外に出荷されているアマゾン産の天然ラテックスを早速輸入し、港にちなんでブランド名をつけた。

クッション性や屈曲性、耐摩耗性に富むラバーソールは、完全自社生産。さらにほとんどの靴は、オールソールの張り替えが可能と実用的。そのタフさは、北極探検隊やフランス海軍が愛用していることが証明している。

【商品お問い合わせ先】
パラブーツ青山店
港区南青山6-12-3
電話／03-5766-6688

WAGRAM
同ブランドならではの実用性を秘めつつも、エレガントさにこだわったホールカット仕様。洒脱に配されたメダリオンも◎。グッドイヤーウェルト製法。

¥88,200

BLOIS
適度なカジュアル感が、コーディネートの幅を広げてくれるチャッカブーツ。タフで歩きやすい仕様も同ブランドならでは。ノルウィージャンウェルト製法。
¥58,800

質実剛健な逸品を生み出す、アメリカのクラフツマンシップ

オールデン

ALDEN

#54321
同ブランドの代名詞のひとつとして高い人気を誇る、コードバンのVチップ。かの名作、モディファイドラストを使用している。グッドイヤーウェルト製法。
¥99,750

足の健康を守る構造と最高品質の素材を用いた、快適で味わいのある職人技の靴作り

1884年、チャールズ・H・オールデンがマサチューセッツ州のミドルボロウで創業。最高品質のコードバンなどを使い、手作業で仕立てられた靴の雰囲気は、実に味わい深い。特にコードバンの革なめし技法は「幻の技」と言われ、アメリカでもその職人は数名と、とても貴重である。また、問題のある足にもフィットして均整回復させる整形法のデザイン分野の先駆者としても知られ、その特殊な開発技術によって、足にストレスのかからない快適な靴作りを可能にしている。

【商品お問い合わせ先】
ラコタ ハウス
港区南青山6-12-14 NOA南青山1F
電話／03-5778-2010

ALDEN / U.S.A.

#55991F

快適な歩行性能を追求しつつもドレッシーさを絶妙に盛り込んだ、外羽根式のストレートチップ。控え目に配された穴飾りも秀逸。グッドイヤーウェルト製法。

¥75,600

#4545H

上質なコードバンをふんだんに使ったレースアップブーツ。スーツ姿にはもちろん、デニムスタイルにも似合う汎用性は魅力的。グッドイヤーウェルト製法。

¥108,150

米国の歴代大統領も愛する、安定感の高い靴作り

アレン エドモンズ

ALLEN EDMONDS

strand
アメリカらしい質実剛健さを内包しつつも、アプローチはあくまでもドレッシー。アメトラファン必携の一足といえるセミブローグ。グッドイヤーウェルト製法。
¥55,650

幅広いサイズとワイズでオーダーのようにぴったりフィットする贅沢な履き心地

世界一豪華で履き心地の良い靴を作りたいという夢を持った靴職人、アレン・エドモンズが、ウィスコンシン州で工房を開いたのは1922年。今では、アメリカ歴代大統領が初登庁時に履く靴としても知られる正統派ブランドに成長した。

釘やシャンクを使っていないため、足に合わせて柔らかく曲がり、履き心地は快適。各モデルのサイズは5・0から18・0まで、ウィズはAAAAからEEまでと幅広く取り揃え、オーダーメイドのようにぴったり合う一足を選べるのも魅力だ。

【商品お問い合わせ先】
トレーディングポスト青山本店
渋谷区神宮前3-1-30 HSビル1F
電話／03-5474-8725

leeds
幅広くコーディネートを楽しむことができる、外羽根式のプレーントゥ。味わい深い表情を持つコードバンの色味もポイントだ。グッドイヤーウェルト製法。
¥89,250

fifth avenue
歴代のアメリカ大統領が愛用する定番モデルの流れを汲むストレートチップ。適度に遊び心を演出する穴飾りもクールな仕上がり。グッドイヤーウェルト製法。
¥53,550

革新性を追求する未来派の老舗靴ブランドの叡智

コール ハーン

COLE HAAN

AIR PRESCOTT PENNY
かつてのプレッピーブームを担った同ブランドが贈る、現代的な解釈のローファー。味わい深い革の表情と、丁寧なモカ縫いの技術は圧巻の出来映え。セメント製法。
¥37,800

熟練の職人技と最先端テクノロジーを見事に融合させた画期的な快適さ

1928年にシカゴで、トラフトン・コールとエディ・ハーンが創業した「コール ハーン」。当初は職人技が光る丁寧な作りで、プレッピースタイルの靴を送り出していた。

1988年に「ナイキ」の子会社になったことをきっかけに、「ナイキ」独自の最先端エアテクノロジーを採用。洗練されたデザインのドレスシューズに「ナイキエア」を搭載し、世界中の注目を集めた。2004年にはアメリカの雑誌「フットウェア・ニュース」で、カンパニー・オブ・ザ・イヤーに選出されている。

【商品お問い合わせ先】
コール ハーン ジャパン
港区南青山2-11-16
電話／0120-56-0979

AIR FREDRIK BAL CAP TOE

ナイキ社のハイテクノロジーを内包していることをすっかり忘れさせるような、クラシックな表情が魅力のストレートチップ。日本人用のラストを使用。セメント製法。

¥39,900

AIR GALLANT WING TIP

ピンキング処理をふんだんに施したウイングチップ。ぽってりと存在感のある独特のフォルムが、アメトラファンを魅了してやまない。グッドイヤーウェルト製法。

¥43,050

精緻な作りを実現する、日本の職人魂の粋

ホール&マークス

HALL & MARKS

Andy

フォーマルな印象を持つサイドエラスティックのキャップトゥ。端正に作り上げられたシームレスバックもポイントになっている。ハンドソーンウェルト製法。
¥132,825～（片足フィット代込）

**日本が世界に誇る
完成度の高さと美しさ。
ビスポークのような
セミオーダーシューズ**

日本人で初めてイギリスの「ギルド・オブ・マスター・クラフツマン」の称号を得た山口千尋が1996年に設立した「ギルド」の、セミオーダーライン。設立7年目の2003年には、某誌の「名靴世界ランキング100」で堂々の1位に輝いた。

サイズのバリエーションが細かく、精緻な採寸により左右それぞれに合うサイズを選ぶことができる。またそのラインの美しさは丁寧な手作業による賜物。足にぴったり合った、ビスポークに近い仕上がりは人気が高い。

【商品お問い合わせ先】
ギルド銀座店
中央区銀座1-3-3 東亜ビル1F
電話／03-3563-1192

Rusty
シャープなノーズラインが魅力的なツーアイレットのプレーントゥ・Vフロント。同ブランドのヒット作のひとつ。ハンドソーンウェルト製法。
¥99,750～

Goofy
艶めかしいアッパー素材と、華麗な曲線美が大人の色香を演出するモンクストラップシューズ。日本製ならではの丁寧な作りに脱帽。ハンドソーンウェルト製法。
¥138,600～（片足フィット代込）

「和」の精神が息衝く、キメ細やかな配慮に富む逸品

三陽山長

SANYO YAMACHO

友二郎

同ブランドの大定番モデルとして君臨する、内羽根式のストレートチップ。キメの細かいアッパーの素材と、ディテール処理は秀逸。グッドイヤーウェルト製法。

¥60,900

匠による熟練の技や粋な精神まで「和」にこだわった日本人のための靴

２００１年に三陽商会が、山長印靴本舗の商標を取得してスタートさせた、日本人の日本人による日本人のための靴ブランド。日本人名を用いた独特の商品名や、「長」に山飾りを被せたブランドロゴは「和」をイメージさせる。また、日本独特の意匠である「矢筈がけ」を採用するなど、キメ細やかな手仕事は日本の職人ならでは。

グッドイヤーウェルト製法の重厚感あふれる靴を中心とした味わい深い品揃えはもちろん、店頭での手厚いサービスもファンを虜にする理由である。

【商品お問い合わせ先】
三陽山長 銀座店
中央区銀座2-4-6 銀座Velvia館2F
電話／03-3563-7841

琴之介

竪琴型にあしらわれたレースステイ部分が印象的なホールカット。トゥには、山長の頭文字「Y」を意識したメダリオンが。グッドイヤーウェルト製法。

¥57,750

長三郎

ブラウンのスエードと表革のコンビネーションが大人の色香に満ちたレースアップブーツ。控え目なメダリオンの処理もお洒落。グッドイヤーウェルト製法。

¥68,250

明治5年に創業した、皇室御用達の栄誉を誇る老舗

オーツカM-5

OTSUKA M-5

M5-300

スクエアトゥのフォルムが、端正な印象を際立たせているストレートチップ。上質なカーフを使用しているあたりのこだわりもニクイ。グッドイヤーウェルト製法。
¥47,250

明治5年創業の老舗がその精神を受け継ぐべく、研鑽を積んだ技で丁寧に仕上げる新たな一足

日本で初めて西洋靴製造をスタートさせた「大塚製靴」は、1872年（明治5年）に大塚岩次郎が創業。1922年にはグッドイヤー式製靴機械を導入するなど、日本の靴産業を牽引してきた、皇室御用達の老舗である。その老舗が、「一人一人を大切に、一足一足を丁寧に作る」という創業時の原点に立ち返り、オーダー中心の工房として立ち上げたのが「オーツカM・5」。長年受け継がれてきた職人技と、最新の時流を融合させた、老舗ならではの靴作りの醍醐味を堪能できる。

【商品お問い合わせ先】
大塚製靴
港区新橋4-23-4
電話／03-3459-8521

M5-218
エレガントさが強調されたウイングチップシューズ。フルブローグで、ドレスアップ時からカジュアル時まで幅広く対応する。グッドイヤーウェルト製法。
¥57,750

M5-102
明治時代に登場したボタンブーツを現代流にしたもの。ボタンホールのかがりステッチをはじめ、随所に確かな職人技が見てとれる。グッドイヤーウェルト製法。
¥78,750

100年の恵みを受けた、優れたバランス感覚の靴作り

チェント フェリーナ

CENTO FELINA

1915
ダークブラウンの革の豊かな表情が、確かなタンナーの腕を実証するウイングチップ。丁寧にあしらわれたメダリオンも秀逸な仕上がりだ。マッケイ製法。
¥48,300

靴を熟知した老舗インポーターが熱意と知識を注ぎ込んだ100年の伝統の集大成

有名靴のインポーターとして知られる「オークニジャパン」が、創業100周年を迎えた2007年に立ち上げたオリジナルブランド。長年の経験で培った紳士靴のノウハウが如何なく発揮された逸品揃いである。

3年かけて厳選されたイタリアのタンナーから、最高級の革を確保。日本人の職人が丁寧に仕立て、味わい深い色の濃淡は手仕事による後染めと、とことん手が込んでいる。もちろんトレンドを程よく加味したデザインも必見。まさに日本人のために作られた理想の靴と言える。

【商品お問い合わせ先】
オークニジャパン
台東区浅草6-22-13
電話／03-3874-0092

1908
トゥやレースまわりに絶妙に配されたメダリオンが美しいセミブローグのホールカット。上品なチゼルトゥがエレガントさを強調している。マッケイ製法。
¥48,300

1908
上記モデルの別カラーバリエーション（ダークブラウン）。革の濃淡で表現される味わい深い表情が、繊細なメダリオンをさらに魅力的に見せる。マッケイ製法。
¥48,300

スペインから世界に羽ばたく、正統派の靴ブランド

ヤンコ

YANKO

114189
ポイントとしてコーディネートに取り入れやすい赤茶色のセミブローグのストレートチップ。Y字を意識したメダリオンも洒脱だ。グッドイヤーウェルト製法。
¥50,400

スペインの名門靴一族が真摯に取り組む、英国スタイルの正統派靴メーカー

1890年にスペインの靴製造業の名家、アルバラデホ一族がマヨルカで創業した「ヤンコ」。世界情勢から工場の閉鎖を余儀なくされた時もあったが、1961年にホセ・アルバラデホが再興。企画、デザインから製造、販売まで一貫して行い、それまで裏方的存在だったスペインの靴メーカーの地位を押し上げ、ビスポーク靴の技術も飛躍的に向上させた。

英国スタイルを基本とし、素材や縫製にも細かな配慮がなされた正統派な靴を真面目に作り出している。

【商品お問い合わせ先】
ヤンコ神宮前店
渋谷区神宮前2-6-6 秀和外苑レジデンス1F
電話／03-5775-7475

114168

フォーマルなシーンに対応する、正統派の内羽根式のストレートチップ。優美なフォルムが生み出す大人の色気を楽しみたい。グッドイヤーウェルト製法。

¥50,400

114303

奇を衒ったところがまるでない、素直に作られたモンクストラップシューズ。ゆえに汎用性が高く、様々なシーンで活用できること必至。グッドイヤーウェルト製法。

¥50,400

品格と高級感が漂う、スペインの名門が贈る逸品

カルミナ

CARMINA

80134

ブラックの内羽根式のストレートチップ。シンプルでありながらも、高級感が漂うプロポーションの見事なバランスには脱帽だ。グッドイヤーウェルト製法。
¥58,800

より高い品質を求めてスペインの靴のレベルを高めた靴製造の名家が創業

19世紀からスペインのマヨルカで靴作りを続けているアルバラデホ一族の中でも、「ヤンコ」を再興したことで知られるホセ・アルバラデホが、より高品質の靴を作りたいと1998年に設立。当初は一族の名を冠していたので、「アルバラデホ」の名でも知られている。

デザインは、イギリスの流れを汲んだスタイルをベースにしているのが特徴。グッドイヤーウェルト製法を採用しており、より高級感のあふれるこだわりの靴を提供している。

【商品お問い合わせ先】
トレーディングポスト青山本店
渋谷区神宮前3-1-30 HSビル1F
電話／03-5474-8725

80137

高品質の革を用いたプレーントゥに、控え目ながらも洒脱なメダリオンとピンキング加工を施した秀逸な1足。グッドイヤーウェルト製法。

¥58,800

973

パンチトキャップトゥがひと味違う大人の色気を演出するレースアップブーツ。シャープなノーズラインもエレガントで魅力的。グッドイヤーウェルト製法。

¥60,900

整形外科医学をも視野に入れて、履き心地を追求する老舗

エドワード マイヤー

EDUARD MEIER

JIM
スラリとのびたノーズラインが美しいペニーローファー。一見、華奢に見えるがしっかりと堅牢に作られている。グッドイヤーウェルト製法。
¥96,600

ARDECK
先端に向けてスリムなラインを描くトゥラインが特徴のUチップ。履き心地の良さにこだわったオリジナルの木型も秀逸。グッドイヤーウェルト製法。
¥138,600

BART
アッパー素材とヒール部分にあしらわれた異素材のコンビネーションが絶妙なチャッカブーツ。カジュアルアップにもってこいの逸品。グッドイヤーウェルト製法。
¥123,900

ドイツならではの整形外科知識を駆使した足に優しい靴は、見た目も履き心地も優秀

ミュンヘンで1596年に創業した「エドワード マイヤー」は、整形外科の知識を駆使する靴のメーカーとしてスタート。整形外科靴では世界最高峰の技術を誇るドイツの中でも、王室御用達ブランドとして名を馳せている。20世紀初頭には、左右非対称の靴型を開発。X線を使ったフィッティング確認装置を導入するなど、足に優しい靴作りの追求に余念がない。その機能性、コンフォート性を前提にする一方、ドレスシューズとしての顔にも決して抜かりがないのが、信頼を得ている所以である。

【商品お問い合わせ先】
アルカ
豊島区2-15-5
電話／03-3983-0133

Chapter. 06

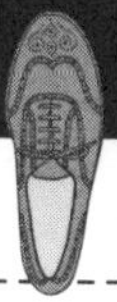

Maintenance

賢者の手入れと保管術

靴の寿命は手入れで決まる

“日々丁寧に靴と向き合う”姿勢を持つべし

メンテナンスは
毎日の積み重ねが肝要。
こだわりの靴を長く
愛用するためにも、
ここで習得した手入れを
日々の習慣にしよう。

相棒となる一足を手に入れたら、「いかに長く履けるか」が次の課題となる。大切なのは、丁寧に履くということ。例えば、靴を履く際は靴ベラを使い、帰宅後に脱いだらシューキーパーをセットする。これだけで、形の崩れやすいアッパー部分を守ることができる。一度履いたら二日休ませることも、靴を傷めないための重要なポイントだ。そういった手入れのイロハを、ここでは靴の磨き方、部分的に痛んでしまった靴の補修法、長く履くための収納と保管法の三つに分けてご紹介しよう。

Maintenance 1

覚えておきたいキホンのキ
長く愛用するための第一歩は靴磨きから

【正しい靴の磨き方】

1カ月に1回は行ないたい靴磨き。いつまでも美しく履くための最低限の心掛けだ。ここで紹介する必要な道具と基本的な手順をまずは覚えておきたい。

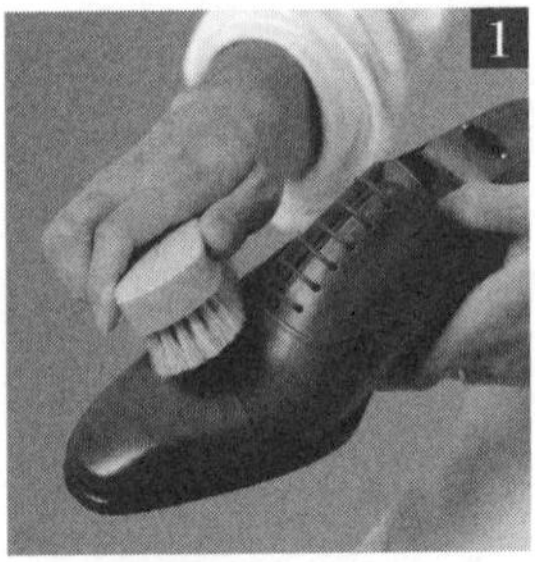

1

ブラシで表面に付着しているホコリや汚れを落とす。このとき、毛が柔らかく、均一にホコリを落とせる馬毛ブラシを使うとよい。

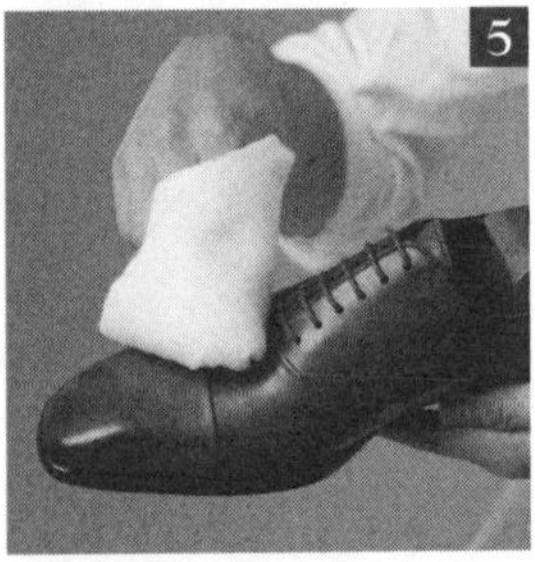

5

小指に乗る程度の靴クリームをクロスにつけ、革の表面に層をつくるように塗る。力を入れすぎないよう、指の腹を使うこと。

基本アイテム

豚毛ブラシ
毛にコシがあり、クリームを塗りこむのに最適。

馬毛ブラシ
毛が柔らかく、ホコリを落とすのに最適。

靴クリーナー
靴の表面についた汚れを浮かせて落とす。

靴クリーム
革に輝きと潤い、栄養を与えて靴を長持ちさせる。

クロス
クリームを、塗りこむ、磨くなど様々な用途がある。

防水スプレー
水分だけでなく、汚れから靴を守る効果も。

あると尚よし！

シューキーパー
中に入れて靴の型くずれを防ぐ。

写真＝五十嵐和則、絵＝中根ゆたか

道具を使いこなして靴磨きマスターに

ちょっとしたテクニックを知れば効率よく作業ができる。これらを駆使して靴磨きの腕を上げよう。

【ブラシを使いこなす】

全体のホコリをはらう・クリームをのばす
ブラシの全面を使う。ホコリは毛先をあてるようにササッと動かしてはらい、クリームはブラシのおなか周りを使って満遍なく馴染ませる。

細部のホコリをはらう
穴飾りなどの細かい部分のケアには、毛のコシが強い豚毛ブラシがオススメ。毛束の角を使い、掃きだすようにブラッシングするのがコツ。

コバ周りのクリームをのばす
写真のようにブラシを握り、毛束を密に寄せて使うとよい。適度に力も入り、細かい部分にもしっかりクリームを塗りこむことができる。

【クロスを使いこなす】

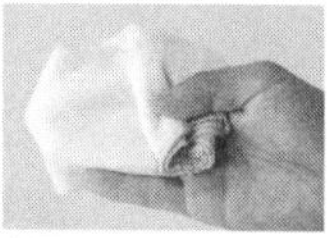

表面の汚れを落とす
指３本にクロスを巻きつける持ち方。比較的広い面積を拭くことができ、指先にかかる力が分散されにくいので、革を傷つけにくい。

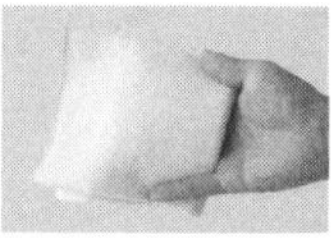

クリーナーを均一にのばす
４つ折にしたクロスを真ん中３本の指で添えて持つ方法。広い面の確保により、クリーナーを靴の表面に均一に塗りたい時には最適だ。

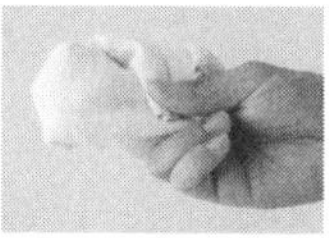

靴クリームを塗る
指２本にクロスを巻きつける持ち方。指先を使うのではなく、力を入れすぎないよう指の腹の部分を使って塗っていくのがポイントになる。

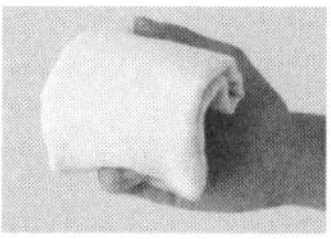

ツヤを出す
クロスを厚めに折り、こぶしで支えるようにして持つ方法。力が一点に集中することなく、軽い力でもまんべんなく磨くことができる。

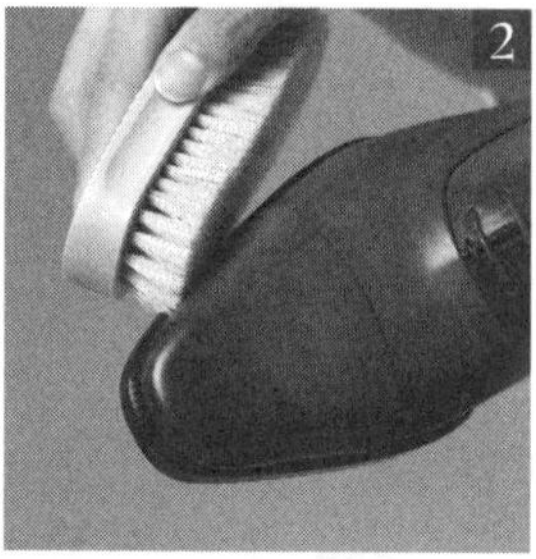

コバや羽根などの細かい部分もブラッシング。磨く際にツヤがでるように、念入りに行なおう。

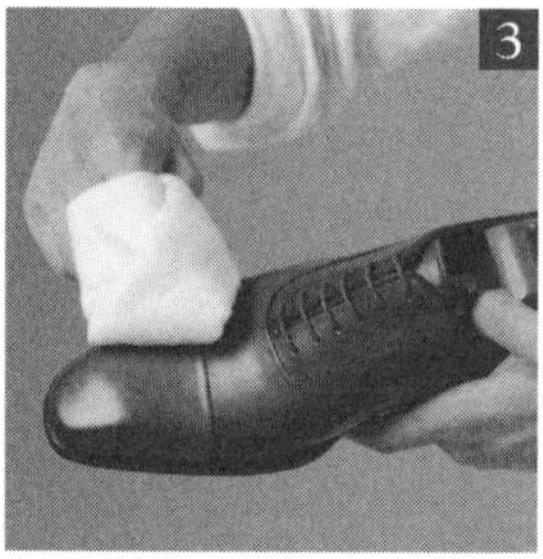

クリーナーを塗布。円を描くように付けるのがポイント。細かい部分の汚れも忘れずに落とそう。

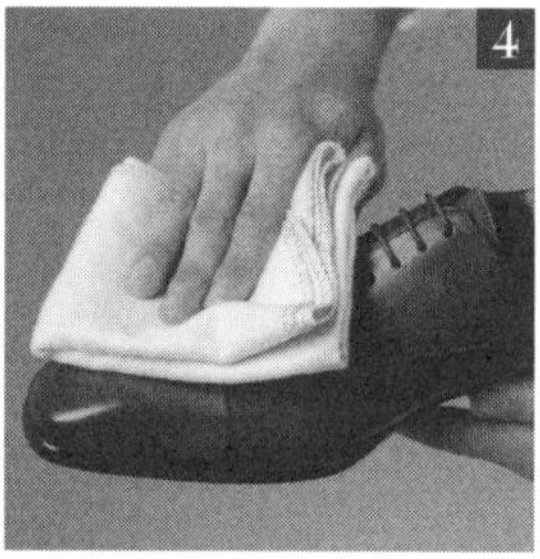

クリーナーを均一にのばす。クロスは面を広くして持ち、手を早く動かすのがコツ。ここで全体の汚れをしっかり落とす。

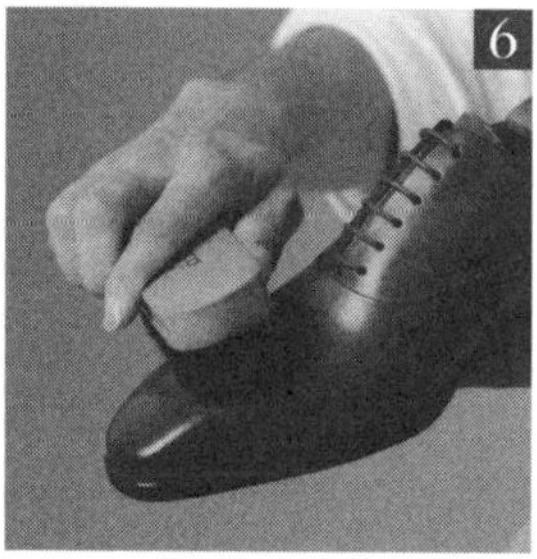

革にクリームを馴染ませるために全体をブラッシング。毛にコシのある豚毛を使い、ムラがでないように素早くかけていく。

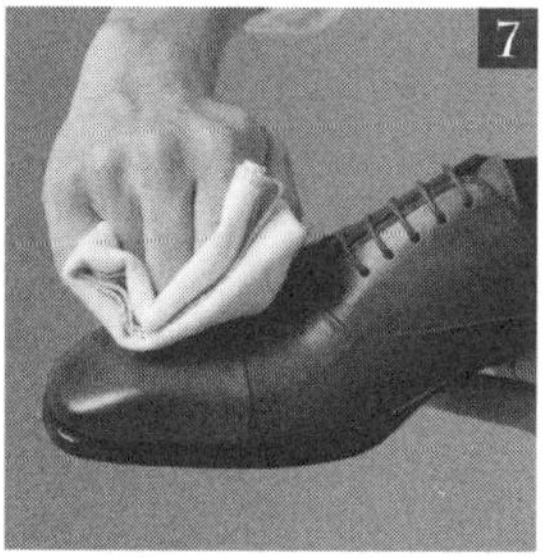

ツヤを出すために、クロスで磨きをかける。一部分だけに力がかからないように、指の背を使って軽いタッチで磨く。

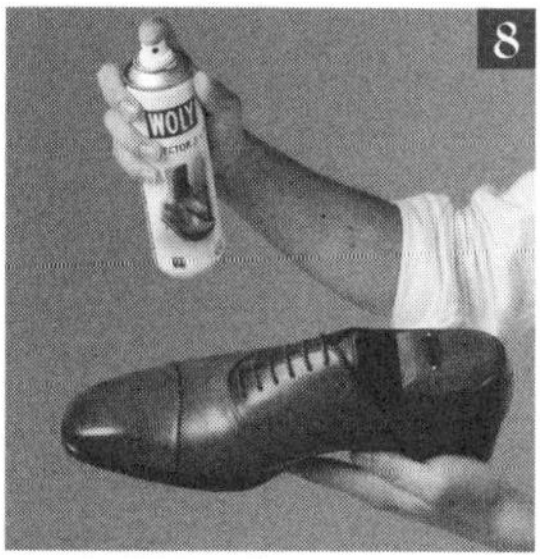

汚れ防止効果のある防水スプレーをかけて完了。靴にシミができないよう、スプレーは極力離してかけよう。

【毎日のシンプル靴磨き】

一日中履いて付着した汚れが頑固なものになる前に、こまめな手入れを。最小限の道具と時間でできるので、日々の習慣にするとよい。

シンプル靴磨きアイテム

靴クリーム

豚毛ブラシ

クロス

コバ用ブラシ

ブラシで表面に付着しているホコリや汚れを払い落とす。

アッパーを包みこむようにクロスを当て、力を込めてカラ拭きする。

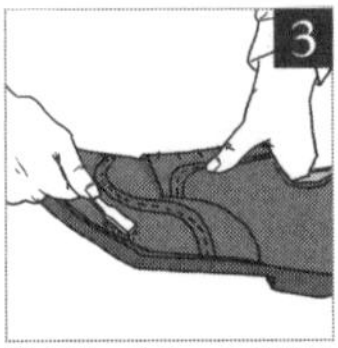

靴クリームを、コバ周りから、トゥ、アッパーにかけて塗っていく。

力をしっかり入れながら均一にクリームをのばしていく。

手順２と同様にクロスでカラ拭き。ホールドして力を込めて拭こう。

【スエード素材の靴磨き】

スエードの手入れは基本ブラッシングで十分。それでも取れない汚れがついた場合は、こちらの手順でより入念なケアを。

スエード靴磨きアイテム

靴ブラシ
弾力のあるゴム素材が特徴のスエード専用ブラシ。

シャンプー
ひどい汚れを洗い落とすシャンプータイプのクリーナー。

シューイレイサー
ポイントの汚れをこすって落とすスエード用の消しゴム。

保革スプレー
革に栄養と色の鮮やかさを出すための保革スプレー。

ワイヤーブラシ
寝てしまった毛を起こす、金属製のブラシ。

スエード素材専用のブラシで、表面のホコリや汚れをブラッシングする。

１で落ちない部分的な汚れをシューイレイサーで消していく。

どうしても汚れが気になる場合には、スエードシャンプーで全体を洗う。雨で濡れてシミになった時などにもオススメ。

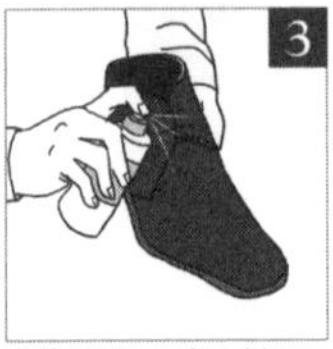

栄養と潤い、色の鮮やかさを、起毛皮革素材専用の保革スプレーで補う。

ワイヤーブラシで表面を起毛させる。つま先などテカり始めた部分にも。

Maintenance
2

自分でできるケース別の補修法
靴のトラブルシューティング

(ケース1　アッパーの色落ちを直したい)

【一般的な革靴の場合】

革に油分と水分が足りないために起こる色落ちには、靴クリームでの補色に加えて、革に潤いを与えることも必要だ。保湿効果のある靴クリームの使用がベター。

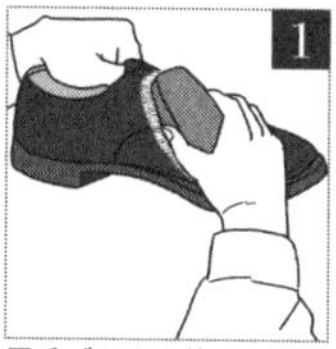

馬毛ブラシを使って軽いタッチでブラッシングし、ホコリを落とす。

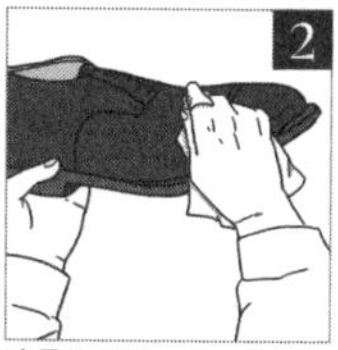

適量のクリーナーをクロスに取り、表面の汚れを落とす。

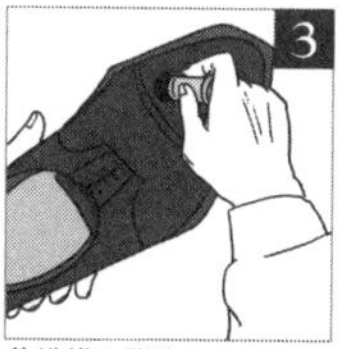

革繊維と馴染むよう円を描くかたちで、保湿効果のあるクリームを塗りこむ。

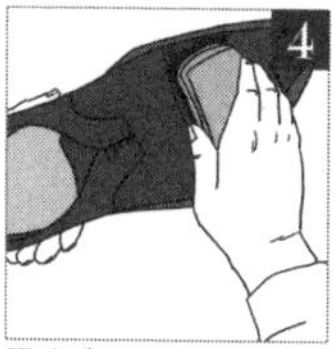

豚毛ブラシで、クリームが均一になじむようにブラッシングする。

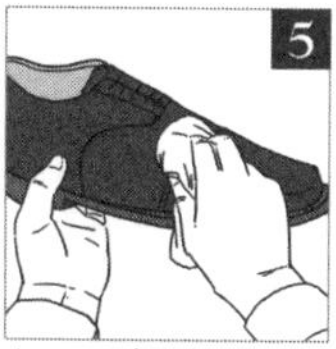

クロスで余分なクリームをふき取りながら、仕上げの磨きをかける。

【ガラス革の場合】

顔料が剥げやすく色落ちしやすいのがガラス革の特徴。クリーナーで靴表面の汚れやワックスを落とした後、塗料系補色剤を塗る手順で行なうとよい。

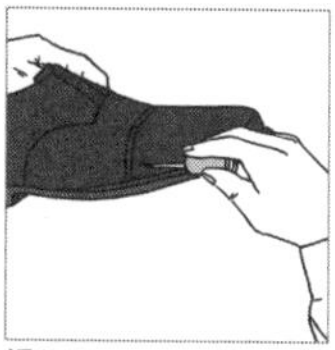
汚れやワックスを落とした色落ち部分に、塗料を重ね塗りする。

必要なアイテム

傷補修用塗料
靴クリーナー

【コードバンの場合】

一般的にデリケートでお手入れが難しいとされるのがコードバン。革にやさしい水性クリーナーで軽く汚れを落とし、補色クリームを塗りこむとよい。

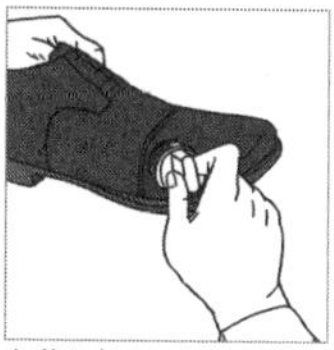
色落ち部分に補色クリームを。馬毛ブラシで刷り込んでいく。

必要なアイテム

馬毛ブラシ
靴クリーナー
補色クリーム
クロス

(ケース2 コバの色落ちを直したい)

補色クリームがコバ全体に行き渡ったら、クロスで磨きあげる。

クリーナーで汚れを落とした後、専用の補色クリームを塗りこむ。

必要なアイテム

補色クリーム
靴クリーナー
クロス

意外と目立ってしまうコバの色落ち。汚れを落とした後コバ専用の補色クリームを使うが、通常のクリームよりも染織力が強いため手袋を着用するとよい。

(ケース3 履きジワを直したい)

全体が湿っているうちにシューキーパーを入れて形を整え、陰干しする。

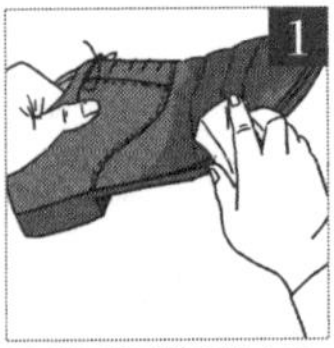

スポンジで靴を湿らせ、革皮靴用石鹸で洗い、その泡を拭き取る。

必要なアイテム

スポンジ
皮革靴用石鹸
シューキーパー

革が乾燥することでできる履きジワ。全体を洗って湿っているうちに、シューキーパーを入れて直そう。これで型くずれも同時に防ぐことができる。

(ケース4 カビを取りたい)

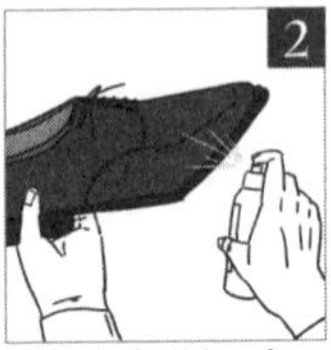

除菌タイプの消臭スプレーをまんべんなくスプレーし、一週間程度陰干しする。

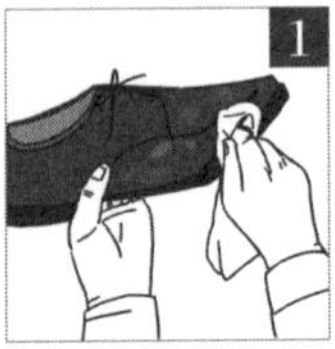

カビのついたポイントを重点的に拭き取り、靴全体もクロスがけをする。

必要なアイテム

クロス
消臭スプレー

付着したカビが革に定着してしまう前に、早めの処置を行なうことが大切だ。カビだけでなく、繁殖の原因となる汚れもしっかり取り除いておこう。

(ケース5 靴のキツさを直したい)

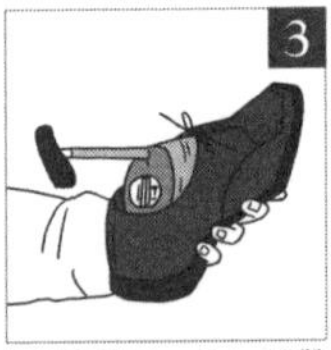

先程のストレッチャーを靴の中に入れ、ハンドルをゆっくり回して革を伸ばす。

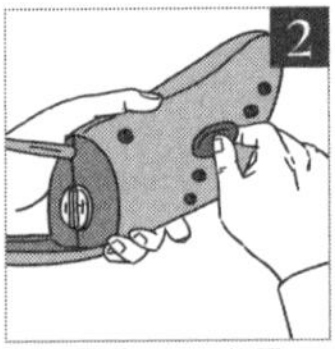

靴を伸ばしたい位置に、シューストレッチャーのパッドを差し込む。

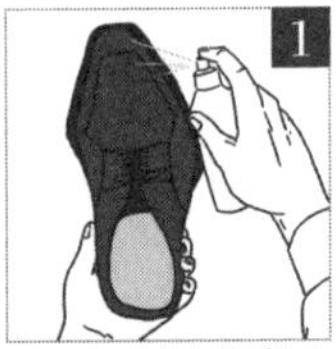

アッパー全体と伸ばしたい部分に、皮革靴用伸張剤をかける。

靴のサイズ感に違和感がある場合はストレッチャーを。伸ばしたい位置とストレッチャーに装着するパッド位置にズレがないか十分にチェックしよう。

必要なアイテム

皮革靴用伸張剤、ストレッチャー

(ケース6 滑らないソールにしたい)

床の材質によってレザーソールは滑りやすいことも。そんな時は、ソールに紙ヤスリをかけて摩擦力を高め、ラバーソールを貼るケアを。

必要なアイテム

紙やすり、革底専用保革剤、クロス、滑り止めラバー

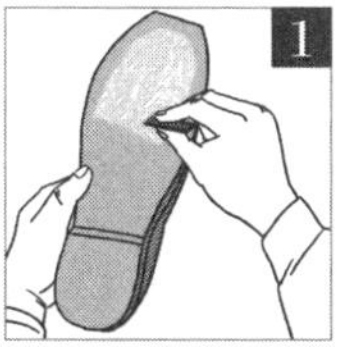

ソールの接地する面に紙ヤスリをかけ、細かい凹凸をつけておく。

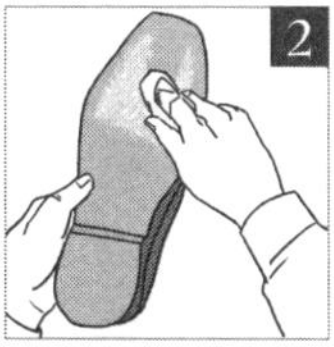

ソールの柔軟性を出し、歩きやすくするために、革底専用保革剤を塗る。

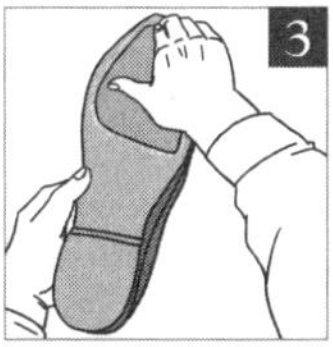

滑り止めラバーを、紙ヤスリをかけた部分に貼り付ける。

(ケース7 トゥの輝きを取り戻したい)

靴をオシャレに履きこなすのにトゥの輝きは外せない。ワックスを厚めに塗り、根気良く磨く作業を繰り返すことがトゥを一層輝かせるポイントだ。

必要なアイテム

靴用ワックス
クロス

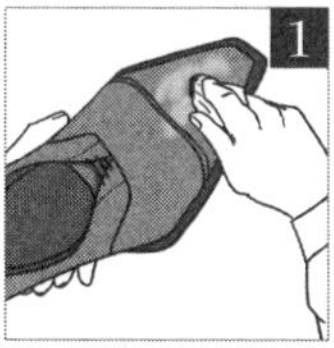

ワックスをクロスに取り、革繊維に埋め込んでいくように塗りこむ。

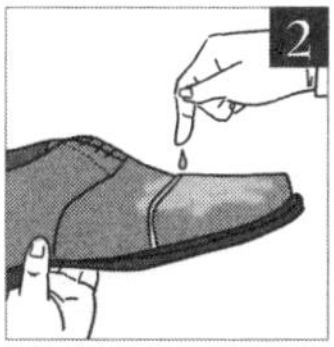

ワックスを塗った部分が、しばらくして白くなるので、そこに水を一滴たらす。

クロスでたらした水を伸ばすようにして磨く。

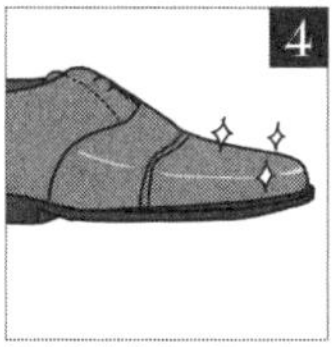

以上の作業を、ワックスがけした部分が輝くまで20～30回ほど繰り返す。

(ケース8 雨ジミを消したい)

雨ジミはそのまま放置するとシミの部分から革がさらに劣化して型くずれの原因にもなってしまう。早急な対応が一番のポイントだ。

必要なアイテム

スポンジ
皮革靴用石鹸
シューキーパー

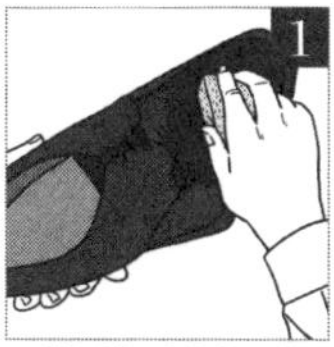

スポンジに水をたっぷり含ませて、靴全体を均一に濡らす。

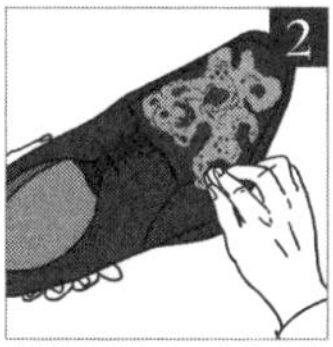

皮革用石鹸で、シミのある部分を中心にスポンジで優しく洗う。

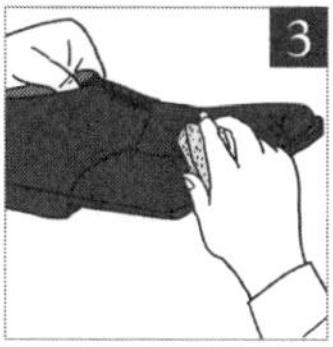

表面の石鹸の泡は、水気を切ったスポンジで丁寧に抜き取る。

シューキーパーで素早く形を整えた後、風通しのよい場所で陰干しする。

Maintenance 3

長持ちさせるための極意
習慣にしたい 収納&保管の7カ条

1 その日のうちに汚れを落とす

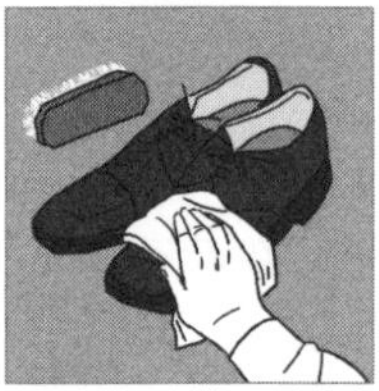

一日中履いた靴は、空気中のホコリや排気ガスなどの細かい汚れが付着している。そのままにしておくと、革に汚れの成分が浸透し、靴が傷みやすくなるので、帰宅後はブラッシングとクロスで、汚れを落とす習慣をつけておきたい。

2 履いた後は中敷を乾かす

中敷は湿気を蓄積しやすいため、そのまま放っておくと雑菌が繁殖してイヤな臭いの原因になるだけでなく、中敷の下の中底までも傷めてしまうことがある。履いた後は、中敷を外して外気に触れさせ、よく乾かすことが大切だ。

3 靴同士は十分に離して収納

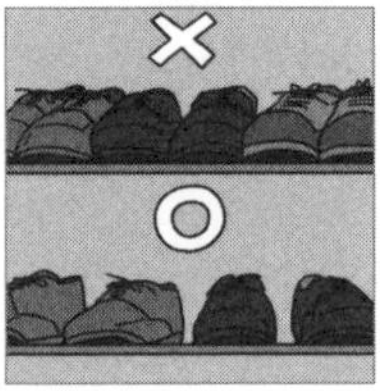

靴同士を密着させたまま長期間置いていると、それを離す際に表面の仕上げ剤が剥がれてしまうことがある。それではせっかくメンテナンスした靴が台無しだ。次に履く時まで、隣の靴と十分なスペースをとって靴箱に収納すること。

4 靴棚がプラスチックの場合は新聞紙を使う

プラスチック製の収納棚は吸湿性に欠けるため、特にレザーソールを置くと革を傷めることがある。そんな時は棚板に新聞紙など吸湿性のあるものを敷くとよい。雨で水濡れしたものは、そのまま置かずに水分をよくとってから収納しよう。

5 保管は湿気が少なく風通しのいい場所に

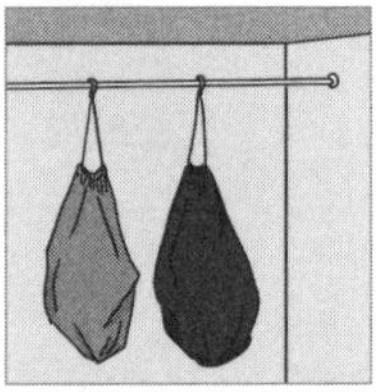

革靴は湿気に弱くカビが繁殖しやすい。付属のシューズバッグに一足ずつ入れて、風通しのいい所に吊るすのがベストな保管法だ。付属の箱に入れる場合は、一カ月に一度は外に出して風を通し、湿気の少ない高い所に保管しよう。

6 雨の日に履いた靴をそのまま収納しない

表面についた水分はクロスで吸い取り、中には丸めた新聞紙を入れる。30分ほど置いて中身を取り出し、その作業を2回ほど繰り返す。かかとを下にし、通気性確保のために新聞紙は抜き、壁に立てかける。しっかり乾いてから収納しよう。

7 三カ月に一度は外の風に当てる

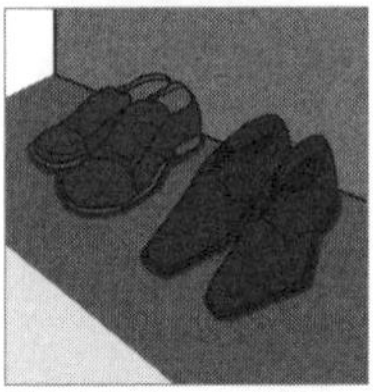

どんな靴でも、三カ月に一度は外に出して自然の風に当てることが靴を長持ちさせる秘訣。革靴を直射日光に当てるのは傷める原因となるので、湿度が低い晴れた日に陰干しをするといい。保管環境が完璧な場合でも必要なケアといえるだろう。

Chapter. 07

Interview

業界きっての
目利きたちが直言！
人生を共に歩む靴

コッペパンみたいなフォルムが気に入っているという、タケ先生イチオシのレザースニーカー。

Part 01 Takeo Kikuchi

「そろそろまた、カジュアルではないドレッシーな靴が恋しい」

―― 菊池武夫

極端とベーシックを巧みに融合 それが、タケ先生のスタイル

「最近では、革靴を履くことが少なくなりましたねぇ。もっぱら、スニーカー派です」

開口一番、そんな風に語りはじめたタケ先生(あえて、愛敬を込めてこう呼ばせてください！)。とはいえ、しっかりと年季の入ったチャーチの外羽根式のウィングチップを取り出しつつ、続けてこう語ってくれた……。

「ここ数年来、世の中の大部分はカジュアル一辺倒だったと思います。でも、そろそろドレッシーな気分が盛り上がってきているんですね。そんな気分の時には、僕はこういうガッチリとした質実剛健なイギリスの靴を履きたくなるんですよ」

タケ先生が披露してくれたこのチャーチの靴。なんでも、1970年代初頭にイギリスのチャーチのお店で購入したものだとか。当時のタケ先生といえば、「BIGI」や「MEN'S BIGI」を立て続けに立ち上げ、まさにバリバリの頃。ダブルブレストのスーツを纏い、颯爽とロンドンの街を闊歩していたのであろう。うーん、カッコ良すぎる！　で、他にはどんな靴を？

「やはり1970年代に購入したものですが、グレンソンのレースアップシューズですね。これは、フランスのサッシュで購入したものです。どことなくアンティークな薫りが漂い、エレガントな雰囲気を醸しているところが気に入っています。先ほどのチャーチとは違った、1930年代風のクラシックな装いに合わせたいですね」

といいつつも、やっぱりいまはまだスニーカーに夢中のご様子。ただし、スーツにも合わせてしまえる、ただならぬチョイスを披露してくれた。

「これ、いいでしょ。ドイツで97～98年頃に購入したプーマのスニーカー。チャッカブーツみたいなデザインが気に入っています」

こんなスニーカーをドレッシーなコーディネートに組み込むには、相当な上級テクニックが不可欠。素人は、あまり手を出さない方が無難だろう。が、それをサラリとやれちゃうタケ先生、やっぱりカッコイイです！

きくち・たけお
ファッションデザイナー。過去に「BIGI」「MEN'S BIGI」「TAKEO KIKUCHI」を立ち上げ、一世を風靡したことはあまりにも有名。現在は、「40CARATS & 525」でその手腕を発揮中。
http://www.40ct525.com/

しっかり履き込んだ味が滲み出ているチャーチのウイングチップ。現行品よりも無骨な感じがする。

英国グレンソンと仏国サッシュのダブルネームのブーツ。無国籍のエレガントさが秀逸な一足。

写真＝関根明生

松山さんが特に気に入っているというのが、このマンニーナのクロコダイルのストレートチップ。

Part 02 Takeshi Matsuyama

「靴道楽の道は、人との出会いが第一歩となる、一期一会の悦び」

――松山 猛

履いてなんぼの靴だけれども、観て楽しいという価値もある

松山猛さんは、筋金入りの「靴道楽」を地でゆく人である。なにせ、既に高校生の時分から、大枚はたいてオーダーメイドの靴を誂えて履いていたというのだから。

「一番最初は、大阪は曽根崎にあるコバヤシ靴店で、ローファーをオーダーしたんだ。アイビーブーム全盛の頃だったね。ひと夏のバイト代をつぎ込んで買ったんだよ。そりゃぁ、決して安い金額じゃないよ。でもまぁ、しょうがないかって思ったわけ（笑）」

確かな金額は覚えていらっしゃらないようだが、それは大学新卒の初任給くらいはしたという。うーん、気合いが違い過ぎる。では、そんな松山さんのいまのお気に入りの靴は？

「まずは、これ。マンニーナ・フィレンツェでビスポークしたヤツ。いまから10年くらい前だったかな、これをオーダーしたのは。こんなに贅沢に天然のクロコダイルの革を使って作られた靴は、もう手に入れる最後のチャンスだったから。僕はこれを夫婦で購入したんだ。パイピングだとか、とにかく仕事が細かい部分が気に入っている。それから、これも２～３年前にフィレンツェでビスポークしたヤツだね。ステファノ ベーメルのスエードとクードゥー（カモシカ）のコンビ靴。足先がスマートに見えるのがポイントだ。あとは、マドリードの工房に依頼して作った、ヘミングウェイと同じハンティングブーツ。これにも逸話があって、注文してから１年以上経ってもいっこうに靴が届かないんだ。どうしたんだろうと思って問い合わせてみたら、職人のおじさんが交通事故にあっていたみたいで……。もちろん、命に別状はなく、あとで無事に納品されたんだけれども、そしたら履き口の部分がキツ過ぎて履けないんだよ。おじさん、サイズを間違っちゃったみたいでね（笑）。そんなパーソナルなやりとりがあるのも、オーダーメイドの醍醐味かもしれないね」

ちなみに、そのブーツはあくまでも観賞用として、松山家でずっと大切に扱われているそうだ。靴道楽の道、なんとも奥が深い。

まつやま・たけし
作家、作詞家、編集者。映画『パッチギ！』の原案となった『少年Ｍのイムジン河』、『松山猛の時計王』など著書多数。『帰ってきたヨッパライ』の作詞、『イムジン河』の訳詞なども手掛けている。

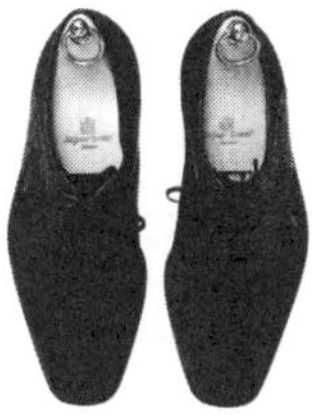

エレガントな雰囲気が漂う、ステファノ ベーメルで作ったコンビネーション・シューズ。

実際にはまだ履いていないといういわく（？）つきの、ヘミングウェイ仕様のハンティングブーツ。

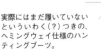

業界きっての目利きたちが直言！
人生を共に歩む靴

ご自身がその開発にも携わったという、エンツォボナフェのサイドレースのシューズ。

Part 03 Tatsuya Nakamura

「心掛けているのは、ベーシック+α 自分が履く靴には、そんな調和が不可欠」

中村達也

人生の伴侶とも呼べる靴に、自分の“色”を塗り込む

ご自身のお祖父様が、靴職人だったという中村さん。子どもの頃から、靴に囲まれて育ってきたためか、やはり靴への愛情も深い。

「靴を一過性のものとしては捉えていません。なぜなら、一般的には洋服よりも長く付き合うことが可能なものなのですから。長く履き込めば履き込むほど、自分らしい“味”も出てくるし、愛着も涌きますね」

長い付き合いが求められる靴だから、やっぱり高価なものじゃないとマズイですか？

「靴マニアでない限りは、そんなことは決してありません。その人が買える靴を買い、それを大切に履くということの方が重要。そのためにも、履いた後にきちんとブラシをかけたり、シューキーパーを入れたりするなど、最低限の配慮を忘れないでいただきたい」

なるほど。では、そんな中村さんが選ぶ最近のお気に入りとは？

「エンツォ ボナフェのサイドレースはここ数年、よく履いていますね。実はネイビーというカラーリングで、遊び心あるサイドレース仕様。ベーシック＋αを心掛けている自分にフィットします。ちなみにこのネイビーには、黒のクリームを塗り込んでいます。靴に“色”をつけているのです。欧米では一般的な手法ですが、自分らしい雰囲気が加味されるのが嬉しい。それから、最近では今季のトレンドでもある英国カントリー調のスタイルが気になっており、そのスタイリングの足元を飾ることを想定して、こちらの2つを挙げたいです。ひとつは、クロケット＆ジョーンズのダークブラウンのスエードのセミブローグ。もうひとつは、やはりスエードのエンツォ ボナフェのサイドゴアブーツ。特に、このボナフェの短かめのブーツ丈（10㎝程度）！　ベーシックだけれども、ちょっとした変化があって気に入っています。とにかく、オーバーディテールのものは好きではありません。ベーシックな部分とそうでない部分とのせめぎ合いがあり、調和をしているものが自分としては好きですね」

なかむら・たつや

1963年生まれ。セレクトショップの雄、ビームスのクリエイティブディレクターとして、メンズ・クロージング全般の企画開発に携わる。メンズファッション全般に関する知識の豊富さで、各方面から絶対的な信頼を集めている。

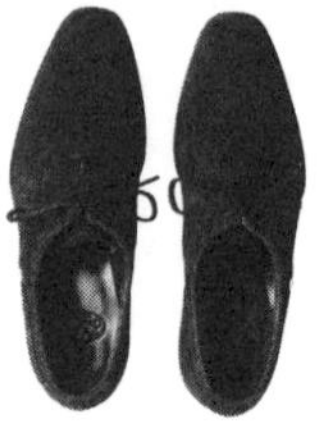

すらりとしたシャープな顔だちと、平紐がポイントの、クロケット＆ジョーンズのセミブローグ。

ピッチドヒールなどのディテールもニクイ、エンツォ ボナフェのサイドゴアブーツ。

Chapter. 08

Glossary

これさえあれば靴検定1級!? シューズ用語の虎の巻

【ア行】

▼アークティック・ブーツ
極寒地用の防寒靴で、フェルト、ビニール、ゴムなどで作られたブーツ。オーバーシューズ・タイプもある。

▼アーチ・クッション
歩きやすくするため、土踏まずと靴の隙間を埋めたアーチ形のクッションのこと。

▼アイレット

小穴、鳩目、靴紐を通すための穴のこと。ツー・アイレット（トラッド・アイレット）はデザート・ブーツに見られる2対の穴、ファイブ・アイレットはオックスフォードに見られる5対の穴を指す。特に、周囲を金属で処理したものをグロメットと言う。

▼アウターソール
靴底の、地面と直接接触する部分のこと。アウトソールとも言う。

▼アスレチック・シューズ
運動靴の総称。ランニング・シューズやバスケット・シューズなど、あらゆるスニーカーが含まれる。

▼アッパー
ヒールとソールを除く靴本体、甲部分全体の総称。対語はソール。

▼アルバート・ブーツ

サイド・ゴア・ブーツ参照。ビクトリア女王の夫、プリンス・アルバートが議会に登院の際に履いたことからこう呼ぶ。

▼アンクル・ブーツ
くるぶし上までのブーツの総称。ブーティーとも言う。

▼イタリアン・カット
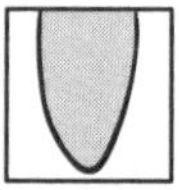
爪先の型。ポインテッド・トゥの一種。特に、1956年ローマで登場し1950年代末から1960年代初期にかけて流行したものの俗称。靴の左右（外側と内側）が対称なものと非対称なものがある。イタリアン・コンチネンタル・スーツに合わせる靴として紹介された。

▼イングリッシュ・ターンオーバー・トップ
トップ・ブーツの折り返しの一種。上端の折り返しを深く取り、V字形、またはU字形に角度を付けたもの。対語はフレンチ・ターンオーバー・トップ。

▼インステップ・ストラップ
ローファーの甲に縫い付けた飾り帯（サドル）の総称。レザー・ストラップとも言う。

▼インソール
中底参照。

▼インディアン・ブーツ

民族靴の一種。カナダ及び北米のインディアンが履いた、ヒールのないハーフ・ブーツのこと。牡鹿の革製で、履き口の周りに水切りを良くするための房飾りが付いている。

▼インディアン・モカシン

スリッポンの一種。カナダ及び北米のインディアンが履いた、ヒールのない1枚革仕立てのモカシンのこと。インディアン・モック、キャンプ・モカシンとも言う。

▼インレイ・ソール
中敷き。靴の底に入れたり外したりできる。

▼ウィージュン
ローファーの一種。アメリカの〈G・H・バス〉社のローファーで、1936年に登場。ノーウィージャン・モカシンの典型。

▼ウイング・チップ

靴の爪先部にW字形の切り替えや、飾り縫いなどを施したデザイン。おかめ飾り、雲形爪革とも言う。

監修＝中村達也（ビームス クリエイティブディレクター）、文＝阿部彩子、絵＝澤田 素

本来は、靴の水切りを良くするために施した技術処理である。また、そのデザインを施したブローグズに端を発するウイング・チップ・シューズのことも指す。ウイング・ブローグズ、日本ではおかめ靴、イギリスではフル・ブローグズとも言う。また1900年頃、オックスフォード大学の学生が履いていたと伝えられることから、ブローグド・オックスフォードとも言われる。

▼**ウインクル・ピッカーズ**

イタリアン・カットの靴を指すイギリスの俗語。1956年のイタリアに端を発し、翌年にはロンドンでも流行した、テディー・ボーイ後期のファッション。

▼**ウエーダーズ**

ヒップ・ブーツ参照。

▼**ウエスタン・ブーツ**

カウボーイ・ブーツの俗称。履き口は側面から見ると中央が高い半円形。ブーツの側面にはステッチ飾りや型押しが施され、爪先はポインテッド・トゥ、踵は頑丈な中ヒールが特徴。テキサスの牧童が作業用乗馬靴として履いた靴が源。爪先が尖っているのは馬の鐙に靴を入れやすくするためで、ヒールがやや高いのは靴が鐙から外れたり滑ったりするのを防ぐためである。

▼**ウェッジ・ソール**

くさび形の靴底のこと。船底型、上げ底型とも言う。ヒールが付いたフラット・ソールのことで、側面からはくさび形に見える。リゾート・シューズのソールのひとつ。

▼**ウェリントン・ブーツ**

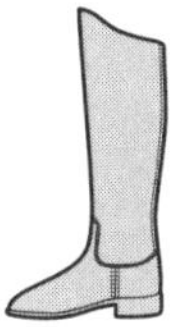

ミリタリー・ブーツの一種。1817年に登場。ターンオーバーがなく、履き口が斜めにカットされた膝丈のトップ・ブーツ。甲の中央には、俗にウェリントン・シームと呼ばれる山型の切り替えが施されている。19世紀イギリスの英雄的軍人、ナポレオンを破ったウェリントン公爵の名に由来。

▼**ウェルト**

細革。甲革と底との間に、防水用として挟み込んで縫われる細い帯状の革のこと。

▼**エアー・クッションド・ソール**

ソール部分に空気のクッションを入れた靴底のこと。軽く、衝撃を和らげるので歩きやすい。1945年にドイツの医学博士、クラウン・マーチンによって考案されたことからドクター・マーチン・ソールとも言う。

▼**エスパドリーユ**

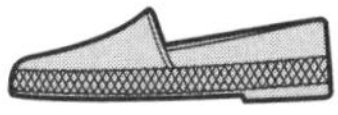

フランスの民族靴であり、リゾート・シューズの典型。底はジュート麻を編んだロープ・ソール、甲はキャンバス地などで作られた、スリッパのような独特のカットのスリッポン。フランス語で「海浜履き」の意。本来は船乗りや港湾労働者の作業靴だが、1930年代には欧米の高級リゾートのほぼ全域で流行した。ただし、ロープ・ソールはアスファルトやコンクリートの上で履くのに適していないので、現在はクレープ・ラバー・ソールのものも見られる。

▼**エッグ・シェープ・トゥ**

爪先の型。卵のように丸みを帯びた爪先の形のこと。エッグ・トゥとも言う。

▼**エナメル・シューズ**

光沢が特徴のエナメル・レザーで作った革靴の総称。パテント・レザー・シューズとも言う。

▼**エプロン・フロント**

モカステッチによって、U字型に縫い合わせたアッパーのこと。

▼**エラスティサイズド・ボクサー・トップ**

スリッポンの一種。履き口の周りをエラスティック（伸縮性のあるゴム素材）で処理した短靴のこと。

▼オーバーシューズ

靴の上に重ねて履く靴のこと。雨天用はビニールやゴムなどで作られる。防寒用や航空用もある。

▼オーバーレイ・プラッグ・シューズ

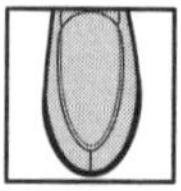

モカシンの一種。甲を覆うU字形の蓋が大きい。紐締め式とスリッポン式がある。日本ではUチップ・シューズとも言う。

▼オイルタンド・レザー

油脂加工を施した防水性のあるなめし革のこと。

▼おかめ靴

ウイング・チップ参照。ブローギングのカットが、おかめの面の髪型に似ていることからこう呼ぶ。

▼オクソニアン

中深靴の一種。1830年に登場したオリジナルは紐がない変型中深靴だったが、1848年にブルーチャー式が取り入れられ、オックスフォード・シューズの端緒となった。

▼オックスフォード・シューズ

3対から6対のアイレットが付いた紐締め式短靴の総称。狭義ではブルーチャー式をこう呼び、バルモラル式はダービー・シューズと言う。17世紀中頃、イギリスのオックスフォード大学の学生が長いブーツを廃して、短靴を履いたことからこの名が生まれ、19世紀になって今日的な意味で使われるようになった。

▼オックスフォード・タイズ

オックスフォード・タイ・シューズの略。バルモラル式のエナメル短靴のこと。

▼オックスフォード・ボタンオーバーズ

ボタン掛け式のオックスフォード・シューズのこと。ボタン・オックスフォードとも言う。1863年に登場。

▼オペラ・スリッパ

上履きの一種。前後2枚革で低いヒールが付いたスリッパのこと。サイドの独特なカットが特徴。

▼オペラ・パンプス

観劇や夜のパーティー用のフォーマル・シューズで、甲と側面を浅くカットし、爪先にシルクのリボンが付いている。エナメルやサテンで作られる。

【カ行】

▼カーフ

生後数週間以内の子牛の革。カーフスキンとも言う。しなやかで丈夫。つや消し、つやあり、スエード仕上げなどそのバリエーションは豊富。

▼カウボーイ・ブーツ

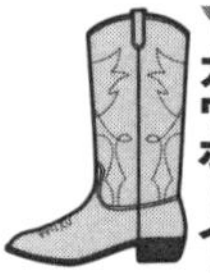

ウエスタン・ブーツ参照。

▼カウンター

踵革。踵部分に当て、靴の後ろにある縦の縫い目を隠し、補強するための細帯のこと。バックステイとも言う。

▼カバリエ・ブーツ

ロング・ブーツの一種。17世紀の騎士（カバリエ）が履いたブーツで、広く取った履き口が特徴。

▼ガミーズ

モカシン型中深靴の一種。甲は一般にバックスキンかベロアで、底は厚いクレープ・ラバー・ソール。3対か4対のアイレットが付いたブルーチャー式。1940年代に流行した。

▼ガム・ブーツ

ゴム製のブーツのこと。いわゆる、長靴。

▼カレッジアンズ

オクソニアンの一種。両脇にくさび形の切り抜きを入れた、くるぶし上丈の中深靴のこと。1830年代から40年代にかけて流行した。

▼ガロッシュ

オーバーシューズの一種。ラバーやゴム引き布で作られたブーツのこと。中世フランス語で「ゴール人の靴」の意。中世から18世紀頃までは、底に木か厚い革を張り、甲は前だけを覆ったサンダル式だった。雪道やぬかるみを歩く際のオーバーシューズとして用いられていたが、19世紀中頃から現在の形に変容した。

▼キッド

山羊革。しなやかでキメが細かく、独特の光沢がある。傷が付きやすいのが欠点。靴には成山羊の革を使用する。

▼キップスキン

生後6カ月から2年くらいの幼い牛の革。キップとも言う。また、幼い羊や山羊などの革を指すこともある。

▼キャンバス・シューズ

キャンバス地で作られた、革底の短靴のこと。

▼キューバン・ヒール

3～5㎝くらいの高さで、垂直に近く太いヒールのこと。

▼ギリー

甲をU字形に開いて、その縁にアイレットを開けて紐を通した、タングのない短靴のこと。ゲール古語で「召使い」の意。元はゲール及びケルト民族の舞踏靴であるが、1880年代にエドワード7世が、さらに20世紀前半にはエドワード8世が愛用したため、俗にプリンス・ウェールズ・シューズとも呼ばれ注目された。現在ではギリー・オックスフォード、ギリー・ブローグとも言う。

▼キルティ・タング

タングの一種。ゴルフ・シューズなどに見られる、履き口から外に折り曲げた部分が短冊状に刻まれ、飾りを施されたタングのこと。キルティ、ショウル・タングとも言う。

▼キルティ・モックス

キルティ・タング・シューズの一種。キルティ・タングが付いた、モカシンタイプのカジュアル・シューズのこと。

▼クオーター

腰革。靴の側面を覆っている革のこと。

▼クオーター・ライニング

靴の内側の裏張りのこと、また踵を包む腰革部を裏打ちして補強する革や布のこと。アウトサイド・クオーターとも言う。

▼グッチ・ローファー

イタリアの馬具商に端を発する〈グッチ〉社のローファーのこと。つや消しした肉厚のカーフを使い、甲にゴールドのホース・ビットをあしらっている。ただし、リゾート用には薄手のソフトな革も使われる。

▼グッドイヤー・ウェルト

靴の底付け法の一種。中底に張り付けられたリブと呼ばれる部分に、甲革と中底、細革をすくい縫いにし、さらに細革と底を出し縫いにする。甲と底が直接縫い付けられていない複式縫いなので、丈夫で安定感がある。接着剤を用いず糸で底付けされるため、吸排湿性にも優れている。

▼クライミング・シューズ
登山靴のこと。

▼グラニー・ブーツ
レースド・ハイ・シューズ参照。

▼クラレンス
中深靴の一種。両脇に革製の襞入りマチを挟み込んだアンクル・ブーツのこと。1832年に登場。クラレンス公爵の名に由来。

▼グランパ・ブーツ

ボタンド・ハイ・シューズ参照。

▼クリスクロス・ストラップ
甲の部分でX状に交差した革紐のこと。

▼グルカ・サンダル
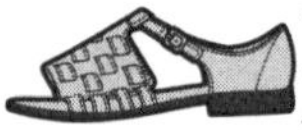
サンダルの一種。革紐をバスケット状に交差させたメッシュ編みの甲を特徴とする、革底のサンダルのこと。イギリス植民地のネパール人兵士（グルカ兵）が履いたもので、第2次世界大戦後の1950年代に流行した。

▼グレイン・レザー
銀面とも言う。動物の皮をなめした表革のこと。

▼クレープ・ラバー・ソール
表面に波状の縮みが入ったゴム底のこと。カジュアルなスリッポンなどに用いられることが多い。デザート・ブーツのソールとしても有名。

▼クロッグ
木靴の一種。木、またはコルクの厚底に、革や布の甲を付けたもの。サンダルやサボに似たスリッポンもこう呼ぶ。

▼グロメット
メタル・アイレット参照。

▼ゴア
三角布、マチのこと。

▼コイン・ストラップ
インステップ・ストラップの一種。ストラップの中央にコインを挟み込むための切り込み穴が開いている。アメリカの〈G・H・バス〉社のウィージュンに端を発するデザインと言われる。

▼コイン・ローファー

ノーウィージャン・モカシン式の短靴の一種。コイン・ストラップが付いたローファーのこと。コイン・シューズとも言う。また、コイン・ストラップに1セント硬貨を挟めることから、ペニー・ローファーとも言う。アイビー全盛の1950年代には、この切り込みに実際に硬貨を挟んで履くのが流行した。

▼コート・シューズ

「宮廷靴」の意。大きなバックルを甲の中央に付けた、カーフまたはエナメル・レザーのパンプスの総称。ドレス・シューズの中でも最もドレッシーな靴と言える。

▼コードバン
馬の尻や背の部分の皮をタンニンなめしした革。しっとりとした光沢があり、硬くて丈夫。名はスペインのコルドバ地方で作られたことに由来。

▼コーレスポンデント・シューズ

2色コンビのオックスフォード・シューズ。原型は1840年代のクリケット用の靴。1880年代にリゾート用として履かれ出し、1920年代に流行した。

▼コサック・ブーツ

履き口に毛皮の折り返しを付けた、膝丈のゆったりしたブーツ。ヒールはハイ・ヒール、またはキューバン・ヒール。ロシアのコサック兵が履いていた。

▼コバ

靴底の外周のこと。底部分の縁、側面。ソール・エッジとも言う。

▼ゴルフ・シューズ
ゴルフをするためのスポーツ・シューズで、踵が低い。クラシックな仕様の底には滑り止めの金具が付いていた。モカシン飾りやキルティ・タングが付いたもの、ウイング・チップやコンビなどがある。

▼コングレス・ゲーター
脇にゴム製のマチが入って、足首が軽く縮まり歩きやすい、くるぶし上くらいまでの中深靴のこと。コングレス・ブーツとも言う。19世紀半ばから末にかけて流行した。

▼コンシールド・ゴア・シューズ

ゴム製のマチをタングの裏側に隠して表から見えないようにした、紐なしの短靴の総称。1940年代末に登場し、50年代から60年代初めにかけて流行した。

▼コンビネーション・シューズ
コンビ靴とも言う。靴の爪先部と後部や、中央部と前後部などに、色や質感が異なる素材を組み合わせた靴の総称。色は白と黒、白と茶の組み合わせが一般的。

【サ行】

▼サイド・ゴア・ブーツ

両脇に伸縮性のあるエラスティック（ゴム素材）製のゴアを挟み込んだ、くるぶしくらいまでの紐なしの中深靴のこと。サイド・ゴア、ゴア・ブーツとも言う。正確にはサイド・エラスティック・ゴアード・ブーツ。1836年にビクトリア女王のために考案され、翌年には紳士用にアレンジされ、アルバート・ブーツの名で履かれるようになった。1960年代にはビートルズ・ブームに乗って、チェルシー・ブーツの名で流行。1980年代半ばにはレトロ・ブームによって注目された。

▼サドル・シューズ

サドル・オックスフォードとも言うコンビ靴の一種。甲の中央の紐を結ぶ部分にサドル（馬の鞍）形の別色の革を配した、オックスフォード・シューズのこと。白×黒、白×茶、黒×茶など、様々なバリエーションがある。正確にはサドル・ストラップ・シューズ。1902年に登場し、スポーツ・シューズとして流行。1930年代半ば以降は、アイビー・リーガー必携のカジュアル・シューズと位置付けられ、40年代から50年代まで学生に愛用された。

▼サボ
木をくり抜いて作った靴、つまり木靴のこと。または、オランダの木靴にヒントを得て作られた、底が木やコルク、甲は革などで作られたスリッポンのこと。

▼サンダル
甲が紐やベルトになっている開放性の高い靴のこと。リゾート用からタウン用までバリエーションは豊富。紀元前3000年から履かれている。

▼サンド・シューズ

スニーカーの原型。爪先にイチョウの葉形の革をトリミングした、キャンバス地の甲にゴム底の短靴のこと。アイレットは5対付いている。テニス・オックスフォードとも言う。1868年に登場。

▼シームレストップ・シューズ
甲が1枚革で仕立てられ、縫い目のない靴のこと。

▼シック・ラバーソール

厚く平たいゴム底のこと。1940年代から50年代中頃に流行した。

▼ジャック・レザー
タールや松ヤニを塗布し、それに蝋引きを施したワックスド・レザー

のこと。

▼**シャンク**

歪みを防ぐために、土踏まずに入れられる芯材のこと。スチールやカーボン、木材を使用。

▼**シューズ**

靴全体の総称。または、くるぶしまでの長さの短靴のこと。なおアメリカでは、くるぶし上までのものをシューズと言い、短靴はロー・シューズと言う。

▼**シュー・レース**

靴紐。シュー・ストリングとも言う。ブローグズの場合は防水性の高い蝋引き紐が用いられる。

▼**シュー・ローズ**

短靴や浅靴の甲部中央にあしらう造花の飾りのこと。ロージズ、ローゼットとも言う。1610年から1680年にかけて、特にルイ14世時代の宮廷で流行した。

▼**シュリンク・レザー**

クシャクシャに揉んだような風合いが特徴の革のこと。

▼**ショート・ヘシアンズ**

ヘシアン・ブーツの一種。ヘシアン・ブーツの中でも、ふくらはぎ中間くらいまでの長さのハーフ・ブーツのこと。1799年に登場。

▼**ジョッキー・ブーツ**

ライディング・ブーツの一種。膝下までの長さで、履き口は別色の革で大きく切り替えてあるブーツのこと。競馬の騎手が履いている。

▼**ジョッパー・ブーツ**

中深靴の一種。履き口をサイドで重ね合わせ、クリスクロス・ストラップを回してバックルで留めるデザインで、本来は乗馬用のパンツであるジョッパーズに合わせて履くもの。くるぶしの上くらいまでのアンクル・タイプが中心。起源は1890年代末期だが、ファッションとして登場したのは1930年代になってからである。ジョドプア・シューズ、ジョドパー・シューズとも言う。

▼**スエード**

ブラッシュト・レザーの一種。表面をケバ立てて、ベルベットのように仕上げた山羊や子牛の革のこと。呼び名はこの技法を考案したスウェーデンを指すフランス語。

▼**スクエア・トゥ**

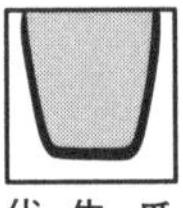

爪先の型。角形の爪先のこと。1960年代中頃に一時流行した。ヨーロッパ調の靴に多く見られ、フレンチ・トゥとも言う。

▼**スコッチ・グレイン・レザー**

表面にクロムなめしを施して、グレインに石目模様を型押しした牛革のこと。丈夫で、光沢はない。ローファーに用いられることが多い。

▼**ステッチダウン**

靴の底付け法の一種。甲革の縁部分を内側に巻き込まず、外側に広げて固定する。そのためコバに甲と中底の切り口が見え、細革には鮮やかなステッチが施される。雨靴やカジュアル・シューズに用いられることが多い製法。

▼**ステッチダウン・シューズ**

ウェルトに装飾的にステッチが入った靴のこと。

▼**ストーム・ウェルト**

細革と甲革の間に隙間が開かないよう、コバ表面の内縁に沿って付けた隆起した細革のこと。防水効果が抜群に上がる。

▼**ストーム・ラバーズ**

悪天候の時に用いる、高めにカットされたスリッポンのこと。ゴム張りの甲とダイヤモンド柄のソール・パターンが特徴。

▼**ストレート・チップ**

靴の爪先部分を横一文字に切り替

えた靴のデザイン、またそのデザインを特徴とした短靴のこと。ストレート・トゥ・キャップ、また日本では俗に一文字飾りとも言う。

▼スナップド・シューズ

サイドやセンターをスナップ留めにした靴の総称。

▼スニーカー

ゴム底の運動靴。歩く音がしないので、「忍び歩く人」という意味の名が付いた。甲はキャンバス地をはじめ、レザーや人工素材が用いられるが、いずれも足によくフィットし機能的に作られている。

▼スペクテイター・シューズ

スポーツ観戦用のコンビ靴のこと。主に、1910年代から30年代にかけてのものを特にこう呼ぶ。

▼スペリー・ソール

モールドと呼ばれる流し込みではなく、刃物で切り込みを入れて作られた波形のソールのこと。ソフト・ラバーのため接地面が多く、濡れた甲板でもより滑りにくい。一見凹凸ははっきりとは見えず、プレーン・ソールのような優雅さがある。有名なヨット愛好家であるポール・スペリーが考案した。

▼スリッパ

室内用の軽い履物の総称。スリップさせて履くことからこう呼ぶ。

▼スリッポン

紐も締め具も付いていない短靴の総称。

▼セメンテッド

靴の底付け法の一種。針も釘も使わずに、甲と底を接着剤で張り付けるだけの簡単な製法で、大量生産に向いている。

▼センター・シームド・シューズ

甲の部分で革を接ぎ、ステッチをかけた靴の総称。センター・シームとも言う。

▼ソール

靴底のこと。対語はアッパー。

▼ソール・エッジ

コバ参照。

▼ソレル・ブーツ

極寒地用のハーフ・ブーツ。メイン・ハンティング・シューズに似た編み上げ式のラバー・シューズのこと。

【タ行】

▼ダーティー・バックス

「汚れた牡鹿革の靴」の意で、ホワイト・バックスを汚したように見えるような、シャンパン色や淡いグレー、淡褐色などに染めたバックスキン・シューズのこと。靴底はホワイト・バックス同様の、赤土色のラバー・ソールが原則である。1930年代半ばに学生がホワイト・バックスをわざと汚して履いたのが発端。50年代にはアメリカのおしゃれな黒人の間で、シミひとつないホワイト・バックスが流行したため、人種差別意識の強かったアイビー・リーガーがわざと汚して履くようになり、ダーティー・バックスが登場した。

▼ダービー・シューズ

ダービーとも言う。バルモラル式のオックスフォード・シューズのこと。

▼ターンオーバー

靴の履き口の折り返しのこと。

▼ダイヤモンド・トゥ

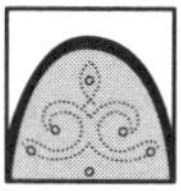

ブローグズに見られる爪先飾りの一種。菱形の穴飾りのこと。

▼タッセル・シューズ

房飾り（タッセル）を甲の中央にあしらったスリッポンの総称。モカシン式のものはタッセル・モカシン、タッセル・ローファー、夏のリゾート用の白いものはホワイト・タッセルと言う。1940年代末に登場

し、50年代から60年代半ばにかけて流行した。

▼タング

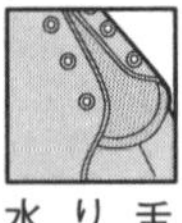

舌革。甲を保護したり、羽根の部分からの水の浸入を防ぐために当てる、舌のような形をした革のこと。

▼タンク・ソール

ラグ・ソールの一種。タンクは「戦車」の意。凹凸のある硬いゴム底で、戦車のキャタピラを思わせるゴツさが特徴。ビブラム・タンク・ソール、キャタピラ・ソールとも言う。

▼チェーン・トレッド・ソール

鎖模様のゴム底のこと。メイン・ハンティング・シューズで注目され、1976年頃からクローズ・アップされた。

▼チェルシー・ブーツ

サイド・ゴア・ブーツ参照。1960年代中頃、ロンドンのモッズの間で流行した。

▼チペワ・ブーツ

ハーフ・ブーツの一種。アメリカ、ウィスコンシン州のチペワにある靴屋の商品ブランド名。ペコスに似たプルオン・タイプの頑丈な靴のこと。

▼チャッカ・ブーツ

アンクル・ブーツの一種。2～3対のアイレットが付いたブルーチャー式の靴のこと。ポロ選手が履いていた。チャッカはポロ用語。

▼チロリアン・シューズ

モカシンの一種。太いモカシン縫いを特徴とし、丈夫で厚い革を用いた紐締め式の靴のこと。チロル地方の登山靴をアレンジしたもので、1984年頃からファッションとして登場した。

▼ツースピック・トゥ

爪先の型。つまようじのように極端に尖ったもののこと。

▼デザート・ブーツ

アンクル・ブーツの一種。スエードや、ベロアで作られ、クレープ・ラバー・ソールで、アイレットは2対というスタイルが一般的である。第1次世界大戦中にイギリス陸軍が砂漠行軍用として、チャッカ・ブーツを肉厚で砂色のベロアにするなど改良して使い、その後カジュアル・シューズとして広まった。

▼デッキ・シューズ

「甲板靴」の意。甲板で滑らないように、底のゴムに細い波型の切り込みを入れた靴で、甲はキャンバス地かオイルタンド・レザーで作られる。

▼デッキ・モカシン

デッキ・シューズの中でも、モカシン型のスリッポンのこと。正確にはレザー・デッキ・シューズ。ボート・モカシンとも言う。

▼テニス・シューズ

テニス用のスポーツ・シューズ。甲はキャンバス地、底はゴムで作られ、紐締め式。ゴムがスパイク状になっているものもある。色は白が基本。

▼ドービル・サンダル

ビーチ・サンダルの一種。白革と色革を用いたメッシュ編みの甲が特徴。1930年代にフランスの避暑地、ドービルで流行した。

▼トゥ

爪先のこと。

▼トゥ・キャップ

靴の先端部分を覆う飾り革のこと。トゥ・ボックスとも言う。

▼トゥ・メダリオン

ウイング・チップなどに見られる

爪先の装飾の一種。穴を開けて模様を描く穴飾りのこと。

▼**トップサイダー・カンバス・オックスフォード**

アメリカ、ボストンのボート・シューズ・メーカー〈スペリー・トップサイダー〉社のデッキ・シューズの商品名。1935年に有名なヨット愛好家であるポール・スペリーによって考案された。オリジナルは甲が白のキャンバス地で、底も白のラバー・ソール。平らなソールには、滑り止めのため波形の溝が切り込まれた。これがスペリー・ソールの名で知られるようになる、アンチ・スリップ・ソールの始まりである。

▼**トップ・ブーツ**

履き口のターンオーバー・トップが特徴の、膝くらいまでのブーツのこと。18世紀初めから、乗馬用、狩猟用として履かれた。

▼**ドレス・ウェリントン・ブーツ**

ドレス・ブーツ・シューとも言う。パンプス型の甲部に、脛を覆うストッキング状のものを付けたような、膝下丈のブーツのこと。パンプス部分はカーフかエナメル・レザーが用いられ、ストッキング部分は黒のボックス・クロスかインド産のラバーが用いられた。ズボンの内側に入れて履くのが一般的。1830年代から50年代まで履かれた。

▼**ドレス・シューズ**

礼服に合わせるドレッシーな靴のこと。また、カジュアル・シューズと区別するために、フォーマル・シューズやビジネス・シューズを指すこともある。

【ナ行】

▼**中底**

インソールとも言う。靴の中で足の裏に直接触れている底の部分、またはその材料のこと。

▼**ニューマーケット・ブーツ**

乗馬狩猟用のブーツ。ウェリントン・ブーツにストラップ飾りを付けた、膝までの茶色のブーツのこと。

▼**ネットルトン・ローフレックス・シューズ**

アメリカ、ニューヨークの〈A・E・ネットルトン〉社が1965年に発売したアイテム。軽くて柔らかな、薄手のゴム底のスリッポンやオックスフォードのことを指し示す。

▼**ノーウィージャン・オックスフォード**

モカシン縫いを特徴とした紐締め式の短靴の総称。ダルマ形、及び袋形モカシンのこと。ノーウィージャン・フロント・シューズとも言われている。

▼**ノーウィージャン・ペザント・シューズ**

スカンジナビアの農民や漁民が履いたモカシン型の短靴のこと。登場は15世紀末とされている。アメリカではローファーとも言う。

▼**ノーウィージャン・モカシン**

モカシン縫いの一種。ノルウェー式の縫い方で、俗に袋縫いとも言う。インディアン型が革紐で粗く縫い寄せるのに対して、ノルウェー式は太い麻糸を用いるため、より洗練されている。ローファーに採用されている縫い方として有名。

【ハ行】

▼**ハーフ・ウェリントン**

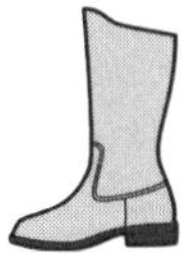

ウェリントン型のハーフ・ブーツのこと。19世紀初頭に昼間用のフォーマル・シューズとして履かれた。

▼**パーフォレーション**

穴飾り、打ち抜きの総称。メダリオンとも言う。水切りのために施されたもので、丸形、楕円形、菱形などがある。

▼パーフォレーテッド・ストラップ

インステップ・ストラップの一種。穴飾りを施したコイン・ストラップのこと。1948年に登場。

▼パーフォレーテッド・トゥ

ブローグスに代表される穴飾りを施した爪先のこと。メダリオン・トゥ、またアメリカではパーフ・トゥとも言う。

▼ハーフ・ゲーターズ

ゲートルの一種。靴の上から被せる防寒用の、革製または布製のカバーのこと。広義にはスパッツと同義だが、狭義にはスパッター・ダッシュより短く、スパッツより長い、ふくらはぎぐらいまでのものを指す。カントリー用の装身具として、19世紀後半に流行した。

▼ハーフ・ブーツ

半長靴のこと。ふくらはぎまで、つまり膝とくるぶしの中間程度の深さのブーツの総称。18世紀末に登場した。

▼ハイ・シューズ

中深靴のこと。くるぶしをすっぽり覆う深さのブーツの総称。イギリスではデミ・ブーツと言う。

▼ハイロウズ

ハイロウ・ブーツの略。「深くも浅くもないブーツ」の意。ふくらはぎの中間くらいまでの深さで、丈夫なカーフかコードバン製、6対のアイレットが付いた編み上げ式ブーツのこと。1800年に登場し、19世紀半ばまで流行した。

▼バスケット・シューズ

バスケット・ボール用のスポーツ・シューズ。バッシュとも言う。短靴型と足首までのブーツ型があり、ブーツ型はハイ・バスとも言う。編み上げ式で、ソールには衝撃を緩和する工夫が施されている。

▼バックスキン

牡鹿の革。本来は鹿皮の銀面を削り取って起毛した革のことだが、牛や羊の皮をケバ立たせた、柔らかくしなやかな革のことも指す。白かシャンパン色に染められて、ホワイト・バックスなどのカジュアル・シューズやスポーツ・シューズに用いられることが多い。言葉の響きから裏出しの皮と混同されるが、それは間違いである。

▼バックルド・ストラップ

持ち出しやベルトがバックル留めになった靴の総称。

▼パテント・レザー・オックスフォード

エナメル・レザーで作った紐締め式の靴のこと。タキシード用のフォーマル・シューズ。

▼バニー・ブーツ

アラスカなど極寒地用の特殊防寒靴のこと。ゴム底が二重になっていて、空間に圧縮空気を入れて断熱する仕掛けになっている。

▼パラディウム

ウォーキング・シューズの一種。〈パラディウム〉社の社名であり商品名。フランス軍制定の行軍用防暑靴で、甲はキャンバス地で、底はラグ・ソール。中底には麻が敷かれている。

▼バルブ・トゥ

爪先の型。バルブは「球根」の意で、球根のようにこんもりと盛り上がった、丸く大きな形状のこと。俗に言うおでこ靴の爪先を指す。

▼バルモラル

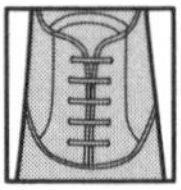

靴の紐部分の型式の一種。日本では俗に内羽根式、または略してバルとも言う。内羽根、つまり紐編み部分の革の前部をバンプに縫

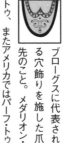

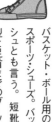

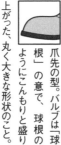

い付ける型式のこと。また、その型式の靴のこと。英国王室御用邸のバルモラル城に由来。対語はブルーチャー。

▼バルモラル・シューズ
内羽根式になった編み上げの短靴、及び中深靴の総称。バルモラルとも言う。1853年、ビクトリア女王の夫、プリンス・アルバートによって考案された。オリジナルはピッタリとした履き口で、4対のアイレットが付いた編み上げ式。スクエア・トゥで飾りはなく、黒のエナメル・レザーで作られたものだった。

▼ハンティング・ブーツ
狩猟用の靴のこと。底は滑りにくいようにパターンが工夫され、甲は革やゴム製で防水性を保っている。

▼バンプ
爪先革。甲の前部、爪先までの部分のこと。

▼パンプス
甲、及び側面が低く、踵も低いスリッポン式の浅靴の総称。16世紀中頃に登場した。

▼ビーチコマー
「波止場をうろつく人」の意。サーファーが履く厚いゴム底のサンダルのこと。

▼ビーフロール・ローファーズ
ローファーの一種。インステップ・ストラップの両端をくるりと巻いて、まるで紐で縛ったビーフロールのように仕上げたローファー。1940年代にアメリカの〈セバコ〉社が紹介。1950年代に流行し、ローファーの典型的バリエーションとなった。

▼ヒール
踵のこと。

▼ピッグスキン
豚革。表面に出る独特の毛穴が特徴。通気性、耐摩耗性に優れている。型押しやプリントなどの加工もしやすい。

▼ビット
馬の轡《くつわ》の、はみの形をした金飾りのこと。ホース・ビットとも言う。

▼ビット・モカシン
ビットがあしらわれたモカシン。グッチ・ローファーと同じ。

▼ヒップ・ブーツ
お尻を覆い腰まで届く、長いゴム製のブーツのこと。魚釣りや水中での作業時に履く。フィッシング・ヒップ・ブーツ、ウエーダーズとも言う。

▼ビブラム・ソール
ラグ・ソールの一種。イタリアの〈ビブラム〉社のゴム底のことだが、機能的で独特のデザインのため世界中に広まり、ソールの定番スタイルとして一般化した。ヘビー・デューティーな靴に用いられる。

▼ピンキング
ブローグズの甲に付いている、ギザギザした飾りのこと。俗にギザ抜きとも言う。装飾のほか、足にかかる比重を少なくしたり、水はけを良くするために施される。

▼ブーツ
くるぶしよりも深くカバーする深長靴の総称。くるぶし上丈のものを中深靴、ふくらはぎ丈のものを半長靴、膝上丈のものを長靴、さらに深いものを大長靴と言う。

▼ブーツ・ストラップ
アルバート・ブーツなど古典的な中深靴の履き口に付いている、つまみ革のこと。靴を履きやすくするために引っ張る部分で、イギリスではブーツ・タグと言う。

▼ブーティー
アンクル・ブーツ参照。「ブーツ風の」「ブーツ式の」の意。

▼ブッシュ・ブーツ
サイド・ゴアが付いた、くるぶし

までのカジュアル・ブーツのこと。正確にはオーストラリアン・ブッシュ・ブーツと言う。

▼ブライト・ワーク・シューズ

甲に金属の飾りを付けた靴を指す米語。1950年代から見られ、1967年冬にパーム・ビーチで流行した。

▼ブライト・ワーク・ストラップ

インステップ・ストラップの一種。金具で飾られたストラップのこと。イタリアの〈グッチ〉社のものが有名。1932年に登場。

▼ブラウン・バックス

茶のバックスキンで作られた短靴の総称。1920年代にウィンザー公が履いたことで流行した。

▼ブラック・オン・ブラウン・サドルズ

茶に黒のサドルが付いたコンビ靴のこと。

▼プラットフォーム・ソール

台底のこと。ハイヒール靴を履きやすくするために、爪先に付けられた台のような底。1970年代初期にロンドン・ファッションとして注目された。

▼ブラント・トゥ

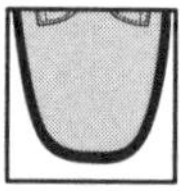

爪先の型。角を取って丸みのある角形の爪先のこと。1960年代前半のフランスの靴のデザインでよく見られた。

▼プリンス・リージェント・シューズ

ジョージ4世が英国皇太子の頃に考案した、大型バックル付きでパンプス調の短靴のこと。

▼ブルーチャー

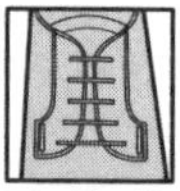

靴の紐部分の型式の一種。日本では俗に外羽根式、イギリスではブルーカーと言い、紐編み部分の革がバンプの上まで掛かっている型式、またはその型式の靴のことを指す。1810年にプロシア軍元帥のブラヘルが考案した軍用靴のデザインに由来。対語はバルモラル。

▼ブルーチャー・ハーフ・ブーツ

6対のアイレットが付いた外羽根式で、1枚革のプレーン・トゥ、くるぶしを覆う程度のピッタリとした中深靴のこと。1820年代から50年代にかけてファッションとして流行した。この型をアレンジしたブルーチャー・オックスフォードやダービー・シューズの登場は1860年代になってからである。

▼フル・ストラップ

インステップ・ストラップの一種。ストラップがコバまで長く伸びているもの。アメリカの〈A・E・ネットルトン〉社のものが典型。

▼ブルドッグ・トゥ

爪先の型。バルブ・トゥの誇張型。丸く盛り上がった先端がブルドッグを連想させることからこう呼ぶ。20世紀初頭に流行した。

▼プレーン・ソール

つるんと平らな靴底のこと。ドレス・シューズなどに見られる。

▼プレーン・トゥ

爪先に切り替えもステッチもない無装飾のデザインのこと、また爪先に飾りのない紐締め式短靴の総称。トラッド派が好むブルーチャー式と、ブリティッシュ調のバルモラル式がある。特にコードバンで作られたプレーン・トゥ・ブルーチャーが有名。色は黒とチョコレートが基本。1890年代に登場。

▼フレンチ・ターンオーバー・トップ

トップ・ブーツの折り返しの一種。上端の返し部分を水平にした、直線的な折り返しのこと。対語はイングリッシュ・ターンオーバー・トップ。

▼**フレンチ・ライン**

爪先の型。四角にカットしてあり、ブラント・トゥとほぼ同じ。フレンチ・コンチネンタルの代表的な靴のデザイン。

▼**ブローガン**

重くて丈夫な革製で、くるぶしまでの深さの作業靴のこと。分厚い底は釘で打ちつけられている。

▼**ブローギング**

ブローグズ特有の装飾技術の総称。ウイング・チップ、ピンキング、メダリオンなど、各種の甲飾りを含む。本来は単なる装飾ではなく、水切りや通気性のために考案された実用的なデザインである。

▼**ブローグズ**

ウイング・チップの正式名で、おかめ靴の原型。爪先から踵までメダリオンやピンキングが施された、粗革製の丈夫な編み上げ短靴のこと。16世紀から17世紀にかけて、アイルランドやスコットランドの高地で履かれた。蝋引き生皮製のスコットランド系ブローグズ（ラリオンまたはクアランと言う）をはじめ、広義にはキルト民族のギリー、ブローガンなどの作業靴も含まれる。おかめ靴の原型となったのは、17世紀以来の高地用の短靴、ラリオンで、メダリオンやピンキングを特徴とした、耐水性に富んだ作業靴である。1900年頃にイギリス、オックスフォード大学の学生が履いたのが、ファッションとしてブローグズが履かれた最初。当時は白革と組み合わせたスポーツ・シューズだったが、30年代頃から欧米男子の必携アイテムとなり、やがてトラディショナル短靴の代表となった。

▼**ブローセル・クリーパーズ**

5㎝強もの厚手のクレープ・ラバー・ソールのスリッポンのこと。1952年から54年にイギリスのテディー・ボーイの間で、これに原色の靴下を合わせるのが流行した。

▼**ペコス**

ハーフ・ブーツの一種。アメリカの〈レッド・ウィング〉社の商品ブランド名。甲の中央に施されたウェリントン・シームと呼ばれる山型の切り替えと、太い爪先が特徴。本来はオイルタンド・レザーやベロアを用いた農作業用の靴である。

▼**ヘシアン・ブーツ**

ミリタリー・ブーツの一種。履き口前部に施されたタッセルと、前が高くなった曲線的なカットが特徴。膝までの丈のロング・ヘシアンと、ハーフ・ブーツのショート・ヘシアンがある。18世紀末にドイツ軍のヘッセ兵が履いていたが、その後ヨーロッパの上流階級にファッションとして流行した。フランスではフザー・ブーツとも言う。

▼**ヘビー・ソール**

靴底全体が分厚くなったソールの総称。

▼**ベルベット・スリッパ**

室内履きの一種。カントリー・ハウスでのくつろぎ用の上靴。ベルベットのガウンに合わせるので、素材はガウンと同じくベルベットを使用し、色は黒が基本。甲には金糸で狐の頭部や、イニシャル、紋章などが刺繍される。

▼**ベロア**

ブラッシュト・レザーの一種。表面をケバ立てて、ベルベットのように柔らかく仕上げた成牛の革のこと。スエードよりも毛足が長い。

▼**ベンチメイド・シューズ**

ベテランの靴職人によってハンドメイドされた、手の込んだ靴のこと。

▼**ベンチレイテッド・シューズ**

スニーカーなどに見られる、通気孔飾りなどの換気システム（ベンチレーター）を考えて作られた靴の総称。

▼ボート・モカシンズ

デッキ・シューズの一種。オイルタンド・レザーで作ったモカシン型スリッポンのこと。アメリカでは俗に革製デッキ・シューズをこう呼ぶ。

▼ポインテッド・トウ

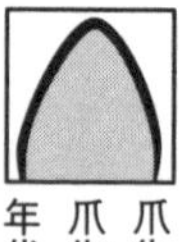

爪先の型。細く尖った爪先の総称。1880年代と1920年代の一時期、そして1950年代末から60年代初期にかけて流行した。

▼細革

ウェルト参照。

▼ボタンド・ハイ・シューズ

ボタン掛け式の中深靴のこと。俗にグランパ・ブーツとも言う。ビクトリア朝後期から20世紀初頭にかけて欧米で流行し、昼夜を問わずフォーマル・シーンで愛用された。

▼ボタン・ブーツ

アンクル・ブーツの一種。ボタン掛け式のブーツのこと。1837年に登場し、当時はポインテッド・トゥが最もファッショナブルだった。オリジナルはキッドで作られた。

▼ボタンフック

「ボタン引っ掛け具」の意。ボタン留め式のブーツやスパッツなどに用いるボタン掛けの一種で、金属製の鉤形の引っ掛けに柄を付けたもの。19世紀から20世紀初めまで使われた。

▼ボックス・カーフ

銀面に美しく細かいシボ（銀面にできるシワ）を付けるように仕上げたカーフ。柔らかく光沢がある。

▼ホリゾンタル・ソール

ヒール以外の部分に刻み溝のあるソールのこと。ホワイト・バックスやリゾート・シューズに見られる。

▼ポロ・アンクル・ブーツ

アンクル・ブーツの一種。1枚革のバンプとポインテッド・トウ、キューバン・ヒールと1対のアイレットが特徴の紐締め式のブーツのこと。丈はくるぶしを覆うくらい。チャッカ・ブーツの前身。1850年代末に登場。

▼ホワイト・タッセルズ

白の表革、またはバックスキンで作られた、タッセル付きのスリッポンの総称。カジュアル向けのゴム底と、タウン向けの革底がある。白革製でもローファーの場合はホワイト・ローファーと言う。どちらも1950年代後半に登場して以来、春から夏のファッション・アイテムのひとつとなっている。

▼ホワイト・バックス

ホワイト・バックスキン・シューズの略。白く染めたバックスキンを、白チョークでさらに真っ白く仕上げたカジュアル・シューズのこと。1880年代、イギリスのオックスフォード大学の学生がスポーツ観戦用に好んで履いた白革の短靴（俗にオクソニアン・バックスと言う）が源。まもなく上流紳士のビーチ・シューズとして流行し、1920年代から50年代にかけてアイビー・リーガーのシンボル的存在になった。1930年代頃からイェール大学の学生が、ホワイト・バックスをわざと汚して履いたのが、後のダーティー・バックスのルーツである。

▼ホワイト・プラッガーズ

スリッポンの一種。正確にはオーバーレイ・ホワイト・プラッガーズ。甲の部分が白、他の部分が黒か茶になったコンビ靴のこと。タッセル付きもある。

【マ行】

▼マクラク

防寒靴の一種。エスキモーの言葉で「大アザラシ」の意。アザラシやオットセイの毛皮、または裏にアザラシ毛皮を張ったトナカイの革で作られ

た、ハーフ・ブーツまたはアンクル・ブーツのこと。また、それを模したムートン・ブーツや、アザラシの毛皮製の中深型モカシンもこう呼ぶ。主にアフター・スキー用に用いられる。

▼マッケイ
靴の底付け法の一種。甲と底、中底を一緒に、上下2本の糸によるロック・ステッチで通し縫いするため、中底の周りに糸が見える。吸排湿性に優れており、タウン・シューズやビジネス・シューズに用いられることが多い製法。

▼マリン・ブーツ
マリン・スポーツ用のゴム製のブーツのこと。黄や緑、オレンジ色などカラフルなものが多い。水が入らないように、履き口を紐締めしたものもある。ヨッティング・ブーツ、マリタイム・ラバー・ブーツ、シー・ストローリング・ブーツ、またはシーマンズ・ブーツとも言う。

▼ミッドソール
アウター・ソールとアッパーの間に挟まれている部分のこと。

▼ミリタリー・ブーツ
軍用の長靴、及び中深靴の総称。

▼メイン・ハンティング・シューズ

アメリカ東部のメイン州にある〈L・L・ビーン〉社の狩猟靴のことで、L・L・ビーン・ガム・シューズとも言う。底は防水・半永久加硫加工を施した特殊ラバー・ソールで、耐水牛革製の甲とタングを縫い合わせた完全防水仕様。短靴からハーフ・ブーツまでバリエーションは多様。

▼メダリオン・シューズ
メダリオンは小穴で描いた飾り模様のことで、バンプに穴を多数開けてデザインした靴の総称。

▼メダリオン・トゥ
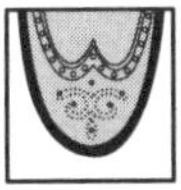

パーフォレーテッド・トゥ参照。

▼メタル・アイレット
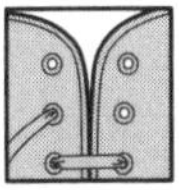

金属で周囲を囲んだ紐通し穴のこと。金環鳩目、グロメットとも言う。1823年にイギリスで、トーマス・ロジャーによって考案された。

▼メタル・バックル
金属製の尾錠、締め金のこと。バックルとも言う。靴についてはパンプス用のものを指し、甲部の中央にあしらわれる長方形、または楕円形の留め金飾りのことを言う。17世紀半ばに登場。

▼モカシン

アメリカ・インディアンが履いたスリッポンの一種で、底から側部までを鹿革などの柔らかい1枚革から作り、そこにU字形の甲革を縫い合わせたもの。甲革を縫い合わせる、いわゆるモカシン縫いの部分は革紐で粗く縫い寄せられ、甲にはビーズ刺繍が施されたりする。インディアン・モカシンとも言う。一方、スカンジナビアの農民や漁民に履かれていた靴に端を発するモカシン縫いが洗練されているものは、ノーウィージャン・モカシンと言う。現在では、モカシン縫いで甲革をはぎ合わせた靴を総称してモカシンと呼ぶ。

▼モックス
モカシンの米口語。

▼モンク・ストラップ・シューズ

15世紀にアルプスに住む修道僧（モンク）が考案したと言われる、大きなバックルが付いた短靴のこと。バックルド・シューズ、モンク・シューズとも言う。ベルトとバックルで甲の高さを調節できる機能的なデザインである。

【ヤ行】

▼ユーイング・チップ
爪先飾りの一種。ウイング・チップのW字形に対してU字形の切り替えを指す。ヨーロッパ調の靴によく見られるデザイン。

▼ユー・チップ

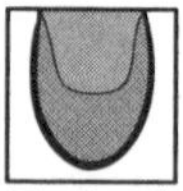

オーバーレイ・プラッグやノーウィージャン・フロントを指す和製語。

【ラ行】

▼ライディング・ブーツ

乗馬用ブーツの総称。膝下まである長いものから、足首までのものもある。

▼ライニング

靴の内側の裏張りのこと。内側全体に革で裏張りしたものをフル・ライニングと言う。

▼ラウンド・トゥ

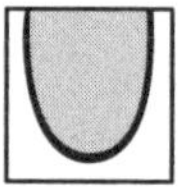

爪先の型。丸形の爪先のこと。いわゆるトラディショナル・シューズの基本的な爪先を指す。

▼ラグ・ソール

凹凸のはっきりした頑丈なゴム底のこと。登山靴やワーク・シューズに見られる。特に〈ビブラム〉社のビブラム・ソールが有名。

▼ラバー・ガロッシュ

前をジッパー留め、または金具留めした、ゴム製、またはゴム引き布製のオーバーシューズのこと。深さはくるぶしの上くらいが一般的だが、それより深いものもある。単にガロッシュ、また、アメリカではゲーターとも言う。

▼ラバー・ソール

ゴム底の総称。

▼ラバー・ブーツ

ゴム製の長靴の総称。

▼ラバー・モカシン

底がゴム製で滑りにくく、他はレザー製のモカシンのこと。

▼リザード・シューズ

トカゲの革（リザード）で作った靴の総称。爬虫類の革の中でも最もエレガントな革のひとつ。

▼リビエラ・サンダル

爪先のクリスクロス・ストラップと甲にかかるバックル留めのストラップだけでアッパーが仕上げられた、シンプルなビーチ・サンダル。革製でヒール付き。1930年代末に欧米のリゾート地で流行した。

▼レースアップ・ブーツ

編み上げのブーツの総称。

▼レース・ステイ

靴紐を通すための部分のこと。俗に羽根と言う。その付き方はバルモラルとブルーチャーに大別される。

▼レースド・ハイ・シューズ

中深靴の一種。くるぶしが隠れる程度の深さで、編み上げ式。俗にグラニー・ブーツとも言う。エドワード7世の時代に流行し、1960年代にはモッズに注目され復活した。日本での流行は1965年。

▼レイン・ブーツ

雨靴の総称。素材は防水性のあるラバーや、ゴム引き布、オイルタンド・レザー、ビニールなどがある。

▼レガッタ・オックスフォード

1896年に登場した船上用の靴で、デッキ・シューズの前身。甲はキャンバス地、底はゴムで作られる。

▼レップタイル・レザー

爬虫類の革の総称。特徴ある銀面模様が珍重され、靴の素材としても用いられる。例えばスネーク（蛇）はブーツ、リザード（トカゲ）はローファーやタッセル・シューズ、アリゲーター（ワニ）はオーバーレイ・プラッグ・シューズなどに使われる。

▼ローファー

「怠け者」の意で、「簡単靴」と訳される。U字形のモカシン縫いに、甲のインステップ・ストラップが特徴の、紐などを用いず着脱できるスリッポンのこと。イギリスではノーウィージャン・ペザント・シューズと言うように、ノルウェーの農民や漁民が履いたモカシン縫いのスリッポンに端を発する。1920年代にロンドンでカジュアル・シューズとして履かれ出し、ヨーロッパで流行した。アメリカでは1934年頃からロンドン帰りのスノッブが履き、1940年代の半ばにはアメリカ中で流行。1950年代にはアメリカの典型的カジュアル・シューズとなった。日本では1960年代のアイビー・ブーム以降、カジュアル・シューズとして一般化した。

▼ロープ・ソール

中細の麻ロープを底の形に合わせて渦巻き状にしたソールのこと。軽く、適度なクッション性があり履き心地はいいが、摩擦に弱い。エスパドリーユに見られる。リネン・ソールとも言う。

▼ロメオ・スリッパ

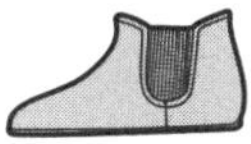

室内履きの一種。革かフェルトで作られたサイド・ゴアの上履き。ヒールがないのがその特徴。ロメオとも言う。

▼ロング・ウイング・ブルーチャー

ブルーチャー式のおかめ靴で、長いおかめ飾りが靴の周囲に、鉢巻きのようにぐるりと施されたデザイン（おかめ縫いとも言う）の靴のこと。

▼ロング・ブーツ

膝下までの深靴の総称。アメリカではハイ・ブーツと言う。

【ワ行】

▼ワーク・ブーツ

労働靴、作業靴の総称。甲と底の接ぎが丈夫で、爪先が丸く、アイレットが多いものが一般的。厚手の牛革で作られ、底は合成ゴム製が多い。カジュアル用にも用いられる。

▼ワラチ

サンダルの一種。メキシコの民族的な履物。爪先甲部から側面へかけて、細い革帯を交差させバスケット編みにして踵でつなげたもの。革底は平らでヒールはない。1936年に、メキシコ農民の伝統的な履物にヒントを得たリゾート・サンダルとして登場し、アメリカの高級リゾートで流行した。ワラーチ、ワラーチズ、ユアラチとも言う。

▼ワラビー

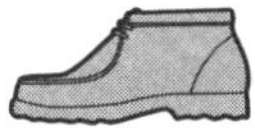

1枚革を、左右から足を包み込むようにして、モカシン縫いしたカジュアル・シューズのこと。甲はベロア、底はクレープ・ラバー・ソールで作られる。爪先はオブリーク・トゥで、2対のアイレットが付いた紐締め式。中深靴（ハイ・カット）と短靴（ロウ・カット）がある。

Fashion Text Series
THE SHOES
メンズファッションの教科書シリーズ vol.4
本格革靴の教科書【新装改訂版】

2023年10月29日　第1刷発行

監修／中村達也（ビームス クリエイティブディレクター）

発行人・編集人／松井謙介

発行所
株式会社ワン・パブリッシング
〒110-0005　東京都台東区上野3-24-6

印刷所
共同印刷株式会社

製本所
古宮製本株式会社

本文DTP
株式会社アド・クレール

STAFF
エディトリアル ディレクター／藤岡信吾
エディター／佐藤哲也、小池裕貴、北林未帆
（RIGHT COMPANY）

ファッション ディレクター／中須浩毅

アートディレクター＆デザイン／佐藤重雄（doodle & design）

チーフ エディター／正田省二
デスク／青木宏彰

●この本に関する各種お問い合わせ先

内容等のお問い合わせは、下記サイトのお問い合わせフォームよりお願いします。
https://one-publishing.co.jp/contact/

不良品（落丁、乱丁）については　☎0570-092555
業務センター　〒354-0045　埼玉県入間郡三芳町上富 279-1

在庫・注文については書店専用受注センター　☎0570-000346

ワン・パブリッシングの書籍・雑誌についての新刊情報・詳細情報は、下記をご覧ください。
https://one-publishing.co.jp/

注／本書は 2009 年 10 月に第 1 版が発行され、さらに 2014 年 4 月に【新装改訂版】として発行された『Fashion Text Series THE SHOES』（学研プラス）の一部を改訂したものです。掲載商品に関する情報が、発売当時と異なる場合がございますのでご注意ください。